大都會文化
METROPOLITAN CULTURE

大都會文化
METROPOLITAN CULTURE

業務力
銷售天王vs.三天陣亡

前言 6

資格篇【門檻很低．陣亡極高】
一位新進業務人員若能夠撐過六個月的試煉期而不陣亡，那麼能活下來的機率就相對大大的提高。

第一章 逼不得已，才「做業務」？ 11
第二章 「做業務」條件其實很簡單 23

上線篇【菜鳥忍耐．老鳥裝孬】
放下身段與客戶交流，建立起與同業的溝通連繫管道，就是進入「專業」業務人員的領域了。

第三章 菜鳥跑業務——忍著點、學著點 57
第四章 老鳥跑業務——「逛街」是工作 87

Contents

目錄

前言

當初決定要寫這本書時，心裡頭有稍微掙扎了一下。長期以來，一直希望自己是個文人，若哪天真的要出書，也應該是先出本小說，再不然至少要是散文或詩集。但想不到的是，第一本書的約邀，一下子把我從文人的角色，轉成了職場業務達人。

「達人」這個名詞讓我有點過意不去，畢竟自己從來也沒有成為傳說中那種千萬年薪的 Top Sales，儘管已經到了獨當一面的程度，但是從頭到尾都還只是一個安安穩穩的業務從業人員，常以業務界的公務員自居。當我每次跟人以「業務界的公務員」做自我介紹時，都會引來眾人不可思議的驚呼：「真的假的！業務不是很難做、流動性很大的嗎？怎麼可能安安穩穩，像公務員一樣呢？」

Foreword
前言

在現今極度不景氣的時代，工作雖然難找，去除掉保險、直銷以外的業務工作，其他工商、製造業的相關業務職缺，雖多，卻還是乏人問津，苦無新血加入。許多人對於業務工作存在不良印象，聽到「業務」就產生排斥感、恐懼感，演變到最後，成了「工作找不到人做，而人找不到工作做」的社會窘境。

從事業務工作近十年，自己也從一開始的忐忑不安、兢兢業業，到現在的信手捻來、順水推舟。當初誤打誤撞，讓我有幸成為業務從業人員的一分子，現在想想，還真是上天特別的疼惜、天上掉下來的福氣。因為這些年來看到的大部分業務工作，雖然沒有傳說中的「千萬年薪、達不到業績就砍頭、每天跪地哀求客戶買產品」，甚至「用坑矇拐騙手段來達到目的」，但也平凡、順遂得如其他一般工作一樣。除了穩定度之外也不輸人，工作時間和內容，卻都是最彈性的。更重要的是，業務工作讓我待人處事的態度變得更圓融，看事物的眼界也比一般內勤的工作來得更寬廣。

這本書，是我個人歷經近十年的業務經驗分享，希望能為有心要進入業務這行的新鮮人、跨界轉業朋友們，提供一點實務上的會遇到的問題，以及業界各位前輩實例的經驗，預先給大家打打預防針，做做心理建設，讓大家在這個不景氣的年代裡，建立起業務工作的自信心，幫助大家在眾多業務職缺中，都可以輕輕鬆鬆撐過前六個月的陣亡期，進而在穩定中求成長之後，奠定未來日進斗金的基礎！

資格篇

【門檻很低 · 陣亡極高】

一位新進業務人員若能夠撐過六個月的試煉期而不陣亡，

那麼能活下來的機率就相對大大的提高。

第一章 逼不得已，才「做業務」？

從小寫過數十次的「我的志願」，兒時夢想過的志願琳瑯滿目，從老師、空姐、律師、法官，甚至到被老師退回重寫的董事長夫人等，都曾在我的志願排行榜內，但從來也沒想過要從事業務工作。原因不外乎是，因為一般人的眼中，業務工作總是脫離不了跟人屈膝彎腰，給人的印象就是滿口胡言亂語，然後達成銷售目的之後就翻臉不認人了！所以一般人對於業務工作的印象都很差，甚至覺得那是不學無術，最後不知道要做什麼的人，才會成為業務，而學有專精的人，絕對都是要往「師」字輩發展的，比方說老師、工程師、會計師、律師……

一開始對業務有著不良印象，始於我父親的投資創業夢想。某日，有位業務叔叔拿了一疊寫滿英文的文件到家裡來找父親，文件上面貼滿了東南亞美麗海灘的圖片，叔叔口若懸河的介紹著，只要拿出一百萬來入股，我們就能成為馬來西亞海灣渡假村的股東，除了一年數次的免費家庭國外旅遊招待以外，還能年年分配紅利！在二十年前那個鮮少有出國機會的年代裡，投資渡假村的機會難得，簡直是天上掉下來的好運！

那時還記得全家興沖沖的看著一堆美侖美奐的照片，腦海中隨著業務叔叔的介紹，編織著對未來能年年出國遊旅的美麗夢想……就在當全家都沈浸在幸福美滿的氛圍時，業務叔叔拿出了寫滿英文的契約書，他拍著胸脯的告訴我們，只要在裡頭簽個名，就能實現年年出國渡假的美夢！

在那個民風淳樸的年代，許多人簽字往往就憑著人與人的信任，會去細看條文的並不多，尤其是那時多數人根本看不懂英文！就這樣，父親僅依著對朋友的信任，慎重的跟人簽了合約，拿了家裡多年省吃儉用的積蓄投資了之後，日日夜夜等待的就是那一年一度的機票與渡假村免費住宿！但很顯然的，二十年過去了，那個渡假村的預定地應該還隱身在東南海的某個沙灘上而還沒開發。

這件事一直到現在，都還讓我們氣得牙癢癢的，二十年前的一百萬，真要全家出動到東南亞旅遊，一年一次去二十年也夠了，而我們一次卻也沒有出發過！每每提到這件事，大家最後也只能重重的嘆了口氣，咬著牙罵著：「唉，這些業務！」

求學期間零用錢有限，又愛漂亮，所以很喜歡逛平價美妝店。每次逛美妝店的時候，只要稍不留神，就會被一堆不認識的小姐拉住，然後七嘴八舌的提供一大堆美容意見，一下子說皮膚太油需要控油，一下子說角質太厚需要去角質，然後拿著瓶瓶罐罐的保養品動不動就往人身上抹，而到最後，幾乎都會來上一句：「有沒有信用卡或提款卡？我可以讓你分期！」

本身家境小康，出社會前從來身上也不會有那些卡片。但部分同學就不同了！有些父母為了孩子用錢方便，多少會給個附卡或是提款卡之類的讓孩子備著。有時候在一堆推銷小姐的強烈攻勢之下，常令人半推半就半強迫的刷了分期的卡，買了一堆聽都沒聽過的高價保養品，而這些業務推銷小姐也神出鬼沒，今天在這裡推銷，明日不一定還在同一個地方！一旦產品出現了問題，或是家人根本就不同意購買，想要退貨時，往往求助無門……加上那些推銷小姐們會隨機出現的地點，更是師長同學們紛紛走告要大家小心的地雷地區；當大家聽到又有同學被人半推半就的簽下了高額的商品契約時，也只能重重的再嘆一口氣，然後咬著牙罵著：「唉，這些業務！」

當然，也不是所有的業務都像詐騙集團一樣的令人討厭。

我大專時期曾於學生會服務，學校的管理方式很自由，許多學生的事務都由學生會自行辦理，其中包括採購系服、製作並採購畢業紀念冊等金額比較大宗的採購事項。

雖說學校看起來頗有規模，但其實每個科系都拆開來看的話，每個單位的學生人數倒也不是很多。即使總採購金額不多，各項單品拆得很細，細分之後許多採購金額可能只有區區一兩萬元或數千元之譜，但許多廠商仍然是奮力的爭取著這些小小的訂單。

通常，學生有時間接受洽公拜訪的時段，幾乎都在課餘之後，也就是說都不是在正常上班時間內。但不論是月黑風高或是刮風下雨，這些廠商派出的業務人員，幾乎是隨call隨到，而且不管是送樣還是核稿，一律戰戰兢兢，就算窗口是未出社會的毛頭小子，但對於我們這些協辦學生的應對，也是左一句會長、右一句秘書小姐的，客氣得不得了。甚至，有時候一筆交易（一學期）可能只有小小的三萬塊——或許連他一個月薪水都不到，但他們的服務可沒有因此而打折，照樣盡心盡力地協助我們完成學校裡的大小事務。

正因為上述某些例子，使人們長期對於業務工作產生「不良印象」，而嚴重者甚至還停留在比較負面的「詐騙」或「不老實」的階段——總覺得他們就算外表再怎麼光鮮亮麗、八面玲瓏、月入數十萬，仍是一副獐頭鼠目的面相。相反的，那些為了爭取小小訂單而整日兢兢業業的業務人員，成天風吹日曬雨淋，但成交的生意似乎無法跟他們所投入的精神、體力和時間成正比，所以怎麼想，都覺得業務工作實在不是人幹的！除非萬不得已，否則絕對不投入這個吃力又不討好的工作領域！

終於，等到自己從學校畢業，到了出社會謀職的階段……因為對業務工作的不良印象使然，讓我很自然的避開了這些所謂「業務」的工作，而終於在因緣際會下，進入了國內某ERP大廠，擔任資料庫工程師。（事實上，民國八十七年左右的應屆畢業生求職難易度，跟現在比起來雖說容易了些，但是翻開報紙看到「免經驗」、「應屆可」的工作，幾乎還是清一色在徵聘「業務人員」。）

不得不說，一九九九年至二〇〇〇年幾乎是全球資訊業最輝煌的年代，當全世界的電腦面臨Y2K的襲擊時，企業用資料庫的更新幾乎是必然的行為，而我剛好恭逢這場盛會，一時之間年少得志，成了炙手可熱的資料庫管理師。

資料庫管理師的工作有個很有趣的地方，就是可以任意窺視客戶最機密的資料。其中最有趣的，是從事這行業愈久的人，手裡過手的各行各業資料庫就愈多。慢慢的，若有心的話，自然而然可以在這堆資料裡整理出一套公式。

比方說，A客戶向B客戶進貨，交給C客戶加工後，轉賣給D客戶。大部分的資料庫管理師天天在整理客戶雜亂無章或毀損的資料庫，或者應付客戶的抱怨，而除了這些外，個人稍稍的不同是，對客戶資料庫裡的進銷存及財務生管會計等資料，不由自主有著濃厚的興趣。也或許是這股興趣，這份工作我做起來特別有熱忱，在入行不到兩年的時間裡，就進入了系統規劃師這個階段，專門輔導客戶的企業管理系統ERP上線。一直到這時，我幾乎認定自己這輩子就老死在這個行業了；年少得志加上一份收入頗豐且Title還不賴的工作，我始終以為可以一直做下去。直到某一天，我發現我懷孕了……

雖然懷孕不是什麼大不了的事，但是生子後兩個月的產假，足以delay掉客戶上線的重要時機。一個星期的delay或許都會造成業主數百，甚至數千萬的損失，但兩個月的產假並非銜接工作最大的困難點；放完產假之後最大的困難點是：當時的企業已都朝向多國化發展，一套系統要上線，勢必不可能只是在台灣本土的問題。若要勝任這份工作，就得在必要的時候拋下孩子與家庭，一下越南、一下中國、一下台灣、一下泰國的飛來飛去。雖然公司也給予我最大的支持和體諒，願意將國內百貨專櫃的案子讓我負責，但是，我的狀態卻變成一下台北、一下台中、一下嘉義、一下高雄……

基於家庭因素，我開始思考，到底有什麼工作可以每天準時下班回家帶小孩？

行政人員？我不喜歡整天待在辦公室裡，而且薪資普遍低落，對家庭沒有幫助。

老闆秘書？我有時個性一來，架子與氣勢比老闆還像老闆，加上多數老闆應該不會喜歡結了婚還生過小孩的隨身秘書，雖然老闆娘可能會喜歡……

會計小姐？我一向只抓大方向，不管小細節，那種一塊兩塊的帳，實在很難耐著性子，所以無能為力。

研發人員？我好像沒什麼研發專長，加上希望找的是能夠兼顧家庭的工作，工時長且上下班沒有分際的研發人員，必定不是我的選擇。

求職了好一段日子後，我發現在任何行業投入一段時間之後，要轉入其他的專業領域，都會有一定的困難度。通常，面試官有時會覺得，求職者在先前頗有資歷的前提下，要重新從基層助理做起，對某些人來說，多半都會有部分的心理障礙，畢竟要放下身段還有把過去的經歷都抹掉，不是那麼容易的事。有趣的是，我在這段錄取機會為零的面試結束後，面試官最後多半都會留下一句話：「有沒有興趣試試看業務人員的工作呢？我們公司目前業務單位還滿缺人的，妳或許可以試試看！」

一開始接到這樣的訊息時，我心裡馬上湧起萬分的抗拒！以往名片上印的可是「師」字輩的頭銜，工作多半都是接受對方的申請跟拜託，而對業務工作的印象，不是得彎著腰桿到處去拜託人，就是得把黑的說成白的，再以投機取巧的方式來達到目的。一想到這，我就不得不拒絕面試主管的邀約，期待有緣再相會。但或許因為薪資問題；或許因為工作時間問題；或許因為地點問題，也或許因為個人本身條件問題，使得我轉職的過程非常不順利，直到某日遇上了一位面試官……

照慣例，面試到最後，面試官一樣的都會來上這麼一句：「其實妳的條件滿適合做業務人員的，我們公司的業務部門剛好有缺額，不知道你有沒有興趣試試？」聽了這句話，我照慣例笑而不答的拒絕著。

「其實妳真的可以試試，因為我覺得妳很有業務的特質，不做業務很可惜！」

面試官突如其來的這句話，令我啼笑皆非！

我向來自認為自己脾氣頗大，低不了頭，卑躬屈膝這些事是絕對做不出來的；加上性格剛烈、剛正不阿，叫我用一些似是而非的術語去向人推銷，更是我心裡頭大大不屑的！我依舊很婉轉的向面試官敘述自己對於業務工作的負面看法，然後感謝他這麼看得起我，但當我正想結束這場面談時，面試官突然語重心長的給了我一段開啟人生不同視野的話：

「其實，每個人的工作內容，多少都會有點業務成份，差別只是面對的窗口不同罷了！就如妳之前的工作是軟體工程師，妳不也是得去說服並指導這套軟體的使用者，願意依照妳設計的方式來操作軟體，以利軟體能順利安裝交貨，為公司賺取利潤？或許妳的窗口不是直接對著客戶，但妳一定得去說服，請他接受妳所設計的軟體的窗口，是不是？

「目前就業市場裡的所有工作型態，都免不了要面對人群，只是說面對的這個窗口，是在公司的體制內或是體制外。做秘書的，要說服老闆接受你製作的文件表格與時程安排；做行政的要說服同僚遵守部分大家其實都不怎麼願意遵守的制度規章；做會計財務的要說服其他部門配合請款付款流程。所有的工作都只是操作細節上的不同，實質上，都是得去面對窗口、協調窗口、說服窗口，然後達到自己最終的工作目的。

「而業務工作相對於會計工作、行政行作等，差別只在於面對的窗口是公司體制外的人罷了，而銷售只是操作的細節，但實際上跟其他部門人員一樣，都是在擔任面對、協調、與說服的工作呀！既然如此，何必去拘泥、在意職務上 Title 是什麼？再來，對一個要轉業的人來說，業務工作是再適合不過的了！撐得下來就是賺到，真的撐不住，公司給的基本薪資也不比其他單位差，何樂而不為？再說妳現在有更好的選擇嗎？」

面試官的一席話雖然依舊沒能解開我對業務工作的排斥，但是卻著實的點醒我——「現在也沒有更好的選擇！」於是，我逼不得已咬著牙接下了這份生平第一份業務工作，而它卻也開啟了我人生的另一道大門！

第二章 「做業務」條件其實很簡單

門檻超低，陣亡率超高

記得那一天，一位業務主管拿著我的履歷表，帶著一副制式笑容問我：「妳對這份工作有沒有什麼看法？」

事實上，我來面試業務工作，完全是因為希望有彈性、可運用的時間，同時維持一定的薪資水平，而且不必每天做很繁瑣的例行公事。最好再離家裡頭近一點，免去太多通勤的時間。這些條件看似不難，但一家公司要符合這些條件的，幾乎也只有業務部門的工作可供選擇，而對有意轉業的人來說，業務工作對於人員的要求，也比較不會有「非相關科系」，或是一定要有「相關經驗」等條件。

為了不在工作之後讓雙方覺得「彼此互相不適合」，所以當時的我對於所有的面試問題，都相當誠實以對。

「其實我只希望能夠不要經常性加班，我有家庭需要照顧。」

「哦，沒問題，我們從來不加班的！不過，妳之前好像沒有任何的業務經驗？」

「對，我沒有半點業務經驗。」我回答的很直接。

「那麼，妳有從事過百貨通路等相關行業嗎？」

「從來沒有！我一直是個資料庫工程師。」

「那麼，妳覺得妳人際關係處理的算圓滑嗎？」

「事實上不怎樣，我個性大咧咧的，有時會不小心得罪人而不自知，所以之前才會從事資訊業，寫程式跟電腦講話……」講到這，我發現我說錯話了，或許，我應該表現的圓滑一點。

「那麼妳為什麼會想來從事這份工作呢？」

「因為中年轉業，好像也沒有什麼比較好的選擇，而業務工作是比較容易從頭開始的……」

「好吧，那妳除了寫程式外，應該也會小修一點電腦吧！」

「哦！這倒沒問題！」終於，這位主管大人問到了個讓我覺得很有自信的問題了！

「那麼，妳心裡想從事這份工作嗎？」

「聽到您剛才給我的諸多回覆上，事實上我還滿想來這工作的。雖然沒有推銷過產品的經驗，不過我有很多被推銷的經驗，所以對於推銷的技巧也頗有想法。況且，我還會修修電腦、寫寫程式什麼的，對公司的行政事務上多少也能加點分數，或許哪天你們會希望我轉做ＭＩＳ資訊人員也說不定呢！」談到這，我開始覺得自己的誠實讓這場面試變得不太妙，所以開始有點想要給他挽救一下。

「嗯，好吧，那麼，妳錄取了！」主管笑著說。

「是嗎！」聽到他這麼講，我也感到不可思議！

「不過，妳剛說妳會修電腦是真的嗎？！」他笑了笑：「雖然在妳之前三個月，已經陣亡十二個了！不過在妳陣亡之前，至少可以幫忙公司修修電腦什麼的……」

看到這兒，不用覺得誇張，面談得這麼不對盤也能錄取！

是的。業務工作進入的門檻極低，前文中有提到，就算沒有工作經驗，沒有相關行業概念，甚至告訴老闆你只是圖一份離家近的工作，但只要你想做、願意試，主管們幾乎都會給機會！因為門檻雖然很低，但陣亡的機率極高！多數轉行的新進業務人員，在進入公司的頭一個星期，多半就自動不幹了！

一般而言，一位新進業務人員若能夠撐過六個月的試煉期而不陣亡，那麼接下來，能活下來的機率就相對大大的提高，而且未來極有可能一輩子都會從事與業務行銷等相關的工作！

眾人的冷漠，也是一種試煉

很容易的，我成為了一名賣洗衣粉的業務，因為錄取我的公司三個月內陣亡了十二個業務！上班的第一天，我一直以為公司馬上就會丟一箱洗衣粉要我到賣場去對所有的路人及客戶推銷，但事實上並沒有！

我穿得整整齊齊的到公司的第一天，發現，沒人招呼我！甚至，連位了該坐哪兒都不知道！辦公室裡的人很忙地來來去去，而我在公司門口那空著的接待處站了很久很久。終於，我忍不住自己進門，隨便抓了一個倒水的小姐告訴她：「不好意思，我今天是來報到的！」

「報到？不好意思哦！請妳在接待處那坐一下！」倒水的小姐看起來很忙，一副就是沒時間而不太想理我的樣子。

「不好意思，我已經在這半個多小時了，我是來找林經理報到的，請問可以幫我找一下林經理嗎？」我笑咪咪的說。

「林經理？哪個林經理？我們公司沒有林經理！」倒水的小姐面無表情的說。

「呃……」我開始有點小慌了，我該不會遇到騙人的公司吧！還是說那天他說錄取我只是講好玩的？「就那位負責洗衣粉通路的林經理……」我仍然鼓起勇氣的說。

「哦……他只是主任，不是經理。」倒水的小姐開始懂了，然後伸出她漂亮的、裝飾著漂亮水晶指甲的手指頭，朝著一大團人群指了指：「喏，他就在那邊！自己過去吧！」

看樣子，這位小姐並沒有要帶路的意思，於是我只好順著她手中指著的方向，然後在一團人群之中自己慢慢的探索，終於，我發現了「林主任」的所在。事實上，當我看見林主任的時候，心中開始猶疑了起來。一直以來，至少在面試的時候我都尊稱他是經理，而他也從來沒否認過，但是現在知道他只是個主任，那我是要叫他經理，還是主任？

不過，就在我終於發現面試我的主管時，還是脫口而出：「林經理好！」但很顯然的，他好像把我忘了！

「妳是？」林經理一副不太記得我的樣子。

「經理，我是您應徵進來做洗衣粉業務的那位小姐，記得嗎？就那位你說可以順便幫你們修電腦的那個！」看他一副不記得的樣子，我馬上提醒他，我就是會修電腦的那一位！

「哦！我想起來了，我還以為妳不來了呢！」林經理恍然大悟的說，然後指向一個桌子上什麼都沒有的位子對我說：「妳先坐那邊好了！」

我很識相的坐到位置上，桌上空無一物，但卻有著厚厚重重的灰塵。我開始翻翻抽屜看有什麼東西是我用得上的，然後我找到了一條抹布，反正也沒事做，就開始在座位附近大掃除了起來。

時間一分一秒的過去，在我大掃除完之後，發現還是沒人搭理我，而且辦公室的人們都很冷漠，大家都在忙自己的事，時間也已經接近午休時間了……

就在我進公司成為業務人員的了四個小時裡，除了擦完桌子以外，進度等於是零！於是，我又鼓起勇氣的跑去林經理的身旁，禮貌性的向他問了問：「經理，不好意思，是不是有些什麼我可以做的？還是說有沒有產品的介紹呀、目錄呀什麼的，我可以看一下？不然，我不知道如何跟人推銷……」

一直到這個時候，「林經理」才又注意到我的存在，才想起來好像把我晾在那裡很久了，並開始不好意思的從抽屜拿出一張公司印製的、看起來年代久遠的DM，說：「對對，那這些妳就先看看，先了解公司的產品好了！」

我很認份的拿著那張泛黃的DM回到坐位上，然後開始認真的研究了起來。事實上這張DM只有印一面，而且印上的就是兩瓶胖胖型洗衣精，加上公司的名稱與地址。我前後只花了一秒鐘，大概就已經在腦海裡形成影像檔，整個複製印在腦海裡了，然後開始一直假裝很認真的在研讀DM，直到午休時間的來臨……

我一直以為到了中午休息時間，直屬主管至少會來跟我聊一點正事。但事後發現我錯了！午休時間一到，他就自己溜去吃飯，接著就留下我一個人呆呆傻傻的在那裡，連附近哪兒可以吃飯都不知道。

好不容易等到午休結束，我正想找這位經理談談時，他竟整個人消失在辦公室裡，這時我終於忍不住問了問附近的小姐：「經理去到哪兒去了？」小姐卻還是很冷漠的告訴我：「我們這裡沒有經理，只有主任哦！」

對！這就是我第一天業務工作的真實寫照。沒有傳說中的背著產品挨家挨戶推銷；沒有見人就跪求客戶購買；沒有被奧客罵，都沒有。一整天，我都在辦公室裡清潔自己的坐位，然後對著一張泛黃的ＤＭ發呆！

第二天，我還是準時到了公司，但這天我學聰明了，自己帶了ＮＢ跟網路線到公司。一早，確定跟主管打過招呼後，我很自動的在自己的位子上起網來，而主要的工作，都是在搜尋這家公司的歷史與公司的產品介紹。也就是說，我第二天的業務工作，就是在公司上網一整天……

第三天照慣例，還是沒人理我，此時我開始在辦公室四處走動——跟人說早安及自我介紹。雖然沒人帶我串場，不過我還是很熱情、主動的告訴大家：「我是新來的業務。」第一圈拜訪完畢之後我又回座位上上網，直到想上廁所時才起身前往。然後很幸運的，我在廁所遇到人事小姐，又跟她重新自我介紹了一次，但她的回應卻讓我匪夷所思，並說：「妳也滿厲害的，來上班三天了吧！前幾個來的，最快的，兩個小時就走人了！」

「啥？為什麼呢？這家公司壓力很大嗎？為什麼那麼快就走了呢？」我問。

「妳不會想走嗎？」這下換人事小姐對我匪夷所思了。

「不會呀，這裡的業務單位跟我想像中的不太一樣，感覺還不賴！」事實上我當時是想，只要不要叫我出去推銷就太棒了！

「所以妳明天還會來上班？」人事小姐又重新確認了一次。

「當然會，而且公司沒有請我走路呀！就算我覺得整個氛圍很詭異，要走也至少要領到薪水才走吧！我還想跟您拿一份人事表格好讓我辦理勞健保呢！我上班三天了，公司應該要給我加保了是不是！」我這話講得理直氣壯。

「也對！那你應該可以來跟我拿表格了！」終於，人事小姐露出了我進公司後久違不見的笑容。

在對方正式表態前，絕不提前表態

第四天我準備主動出擊。

主管一到公司屁股還沒坐熱的時候，我馬上笑咪咪的走到他面前說：「經理，不好意思，今天是不是可以給我一些以前的訂單之類的，讓我學習一下品項或單價之類的……」

「咦！妳還在呀！」我主管也是一副不可思議狀。

「為什麼我應該不在？又沒生病什麼的，就應該天天來上班！對了，我勞健保都已經請人事幫我處理好了！」我一副理所當然的樣子。

「妳不會不想做嗎？我一直以為妳會做不下去！」他說。

「為什麼您覺得我『應該』會不想做？」我問。

「妳不覺得來這沒有方向？不知道該做什麼？沒有人理妳？眾人對妳冷漠？難道這些都不構成妳不想幹的理由？」主管看著我說。

「不會！」我回答的很堅決：「反正我出來一天就有一天的薪水可以領，公司沒資料，我就自己上網找資料，現在對公司的產品也有些許了解了，而公司沒人理我，我就自己去打招呼，現在人事小姐都幫我把勞健保補完了，早上還跟我一起吃早餐呢！至於工作的方向，我想過了，公司不會放一個閒人在那邊白白付薪水的，你們早晚會找事給我做，況且最差最差，我還能修電腦，是不是！」

說到這兒，我的主管笑了。終於，到了第四天，他對我伸出了友善的手，對我重重的說了一句：「很好，至少現在妳已經贏過先前的八個人了！現在鄭重的歡迎妳加入！妳現在算是正式的加入了這個團隊了！」

是的，很多時候，尤其是業務單位，在一個新人剛加入時，會給予特別「冷漠」的試驗！事實上，業務人員的陣亡率高。絕大多數在報到的前幾天就自然被淘汰——更正確的說法是「自己淘汰自己」！

許多公司會特別、刻意地不搭理新進的業務人員，給他們一個「在這個環境不受歡迎」的錯覺。尤其是對從來沒有經驗的新進從業人員來說，若無法通過「承受不了眾人的冷漠、工作沒有方向」這一關，那麼，就代表「未來，他將更難面對客戶給予不客氣的對待」的情況。

其實，若有心或因其他因素不得不成為一名業務人員時，最重要的，就是不能在意別人的眼光，得積極達成想要的目的（如同筆者積極找人事小姐辦勞健保一樣）——別說做業務，就算是在一般的職位上，若要愉快勝任工作，本來就不能太在意別人的眼光。此外，從事業務工作，在外表上更需要多一份「看得出來不在意」的灑脫感——也有人說這種灑脫感叫作「爛性」或「油條」。通常，能在百般無聊下自己找事做，到處找人哈啦認識，就是能勝任業務的基本條件了。

問與答

為何許多公司對於新進業務人員會採取冷漠對待的試驗方式？

答案很簡單。畢竟業務人員的陣亡率高、流動性大，公司自然不會將自己內部的價格機密或是產品明細等資料，就這樣簡簡單單、完完整整的交到新進業務人員的手上，讓他莫名其妙離職之後（或許）就到處去散佈。

所以，若有心成為業務人員，或者即將轉行做業務，一旦進公司後發現幾乎沒有人搭理你，就要主動與內部同事寒暄，讓大家對你有印象。接著可以問問一些基本問題，比方說，幾號發薪水等，再觀察發薪日公司內部是否正常，若財務方面都在正常狀態下，那麼就可以好好、放心的挨過這段「冷漠對待」的考驗。當然，若主管一直沒有給些什麼特別的作業，那就當作這段考驗期是公司特別給的禮物，好好把握、用力給他打混下去就對了。畢竟，打混也是業務很重要的工作之一呀！

不怕神一樣的對手，只怕豬一樣的隊友

終於在得到主管首肯之後，公司總算要給我印上正式的名片了！

「那麼，妳名片上的職稱想印什麼？業務主任？業務副理？業務經理？還是說以後妳也打算負責一個通路，不然印通路總監如何？」在正式歡迎我加入團隊後，主管開出了許多讓我「受寵若驚」的頭銜！

「總監？」我大驚失聲的叫了出來：「您這麼資深也不過是經理而已，我怎麼好意思一來就做總監呢！」

「不然，給妳印副理如何？」負責印名片的人事小姐幫忙出了主意。

「唉喲，真不好意思，真的，一來就做副理，這怎麼好意思呢！我還有很多要學習的地方……」

我真是受寵若驚到連講話都講不清楚了，突然之間覺得自己虛榮了起來，虛榮到幾乎忘記，這個位置在三個月內已經陣亡十二個人這件事！

不過，我的虛榮撐不了多久，而且不久之後就發現，雖然一下子就成為了副理，但公司裡的人對我的搭理與尊重並沒有熱情多少。然而我不以為意，因為名片上的頭銜至少讓我瞬間就產生了一股自信心，沒一會兒，這滿滿的自信心就讓我跟著主管一同實習，跑客戶去了！

由於我應徵的職務屬於百貨業的業務，所以主要是負責一些民生必需品的鋪貨和銷售。比方說洗髮精、洗衣粉、白米、泡麵、飲料、咖啡及毛巾襪子等，都屬於百貨業的範疇。此時，主任一邊開著小貨車，一邊告訴我關於百貨業的歷史變革：

早期在還沒有連鎖通路的時代，百貨通路業的業務型態，就是一人開著一台小貨車在自己負責的區域大街小巷的鑽。只要看到「柑仔店」就停下來補個貨，順便向老闆收款，接著再朝著另一間「柑仔店」前進。在那個物資缺乏且選擇不多的年代，業務們幾乎都不費吹灰之力，就能將貨鋪上柑仔店的貨架上。許多柑仔店的老闆甚至對於這些配送貨物的業務，表現出「尊敬」的姿態——因為那時物資缺乏加上工廠的產量不足以應付經濟起飛的年代，所以當時的店家只要見到配貨的業務一到，個個都是哈腰送涼水，只希望配貨的業務能多給店裡幾箱貨，好多做一點生意。直到現在，許多比較傳統的本土老公司，仍然維持這樣跑業務的傳統，有時就算名片上印的是業務經理，公司的配車就是一台小貨卡。只是，現今傳統通路已經逐漸沒落，漸漸的被連鎖通路或大賣場給取代了！

「妳別看不起我們這些老行業、老路子，想當初我們家的當紅沐浴乳正好賣的時候，尾牙也都是包五星級飯店，抽獎也都是送汽車！在七十、八十年代，這可是相當了不起的事呀……」

主管一邊開著看得出來當年風光但也已破舊不堪的小貨卡，一邊回憶著當年的意氣風發，而我這時才發現，我們已經連續「路過」好幾家傳統柑仔店卻「過門而不入」了。

「現在這些店……早就都不賣我們的東西了，價錢都被大賣場吃得死死的，老店都沒利潤，紛紛不賣了……」主任語帶淒涼的說。

「那麼，您今天帶我出來實習……是要我以後開著小貨車補貨嗎？」我不解的問。

「當然不是，開著小貨車補貨是我的工作，而妳的工作是負責大賣場的鋪貨！」

「但是您剛說，現在的店都不賣我們的東西了，不是嗎？」一路上我並沒有看見我們有任何「補貨」的行為。

「是呀，所以我才說，這工作輪不到妳嘛！」主管微微的笑著。

「所以說，您會帶著我跑大賣場嗎？」

「當然不會！」主管的口氣突然堅決了起來。

「那我該怎麼跑大賣場的業務？難道也是開著小貨車？」這下我有點慌了。

「說實話，我也不知道怎麼跑……」這時主管倒抽了一口氣，大嘆一聲：「唉，要是我知道，就不會三個月內陣亡十二個新人了……」

其實這位主管講的是目前百貨業界的一個很大的通病。

早期在經濟起飛又物資缺乏的時代，只要開得起工廠，能掌握一點 know now

的民生必需品業者，幾乎是做什麼賺什麼；加上民眾幾乎沒有別的選擇，導致所有的產品都是在民眾的購買過程中，再做改良。所以，早期百貨業的業務非常容易做，只要你會開車、會送貨，就能享受經濟起飛帶來的高成長業績，進一步的登天，坐穩高層。

但不諱言的，許多台灣在地的老牌子最後都轉賣給外商；原製造工廠轉型為替外商加工的代工廠……其空有的「台灣在地、口耳相傳的品牌」，最後喪失競爭性的原因就在於此。

「我只能就我知道的告訴妳，而我知道的，只是像今天這樣送送貨，跟店家聊聊天，收收款。我想，現代通路的跑法應該也不會差太多，一樣是跑跑店家，整理一下自己的貨架，差只差在自己不用送貨，至於其他的，就看妳的造化了。」主管說。

聽起來，百貨業界的業務應該不是很難跑，既不用像傳說中一樣大包小包的背著產品在大街小巷中去推銷，也不需要什麼口若懸河的說話術要業主進貨，只要將賣場貨架上的貨給補滿就行了！而這位主管說的，正是一般百貨業最基層業務的工作型態：巡視賣場，補貨上架，抄庫存表，補下訂單。

但老天不會那麼如人願的，正當我開心的在從事「不必推銷」的業務工作，開心的在整理貨架上的物品時。突然，身後傳來了溫和有禮的聲音：「小姐，請問您需要什麼服務嗎？」

當公司無法提供協助時，同業是最好學習的對象！

見到面前的人堆滿笑臉且鞠躬、彎著身體，我心裡頭總放鬆了一口氣！傳說中賣場工作人員對廠商凶神惡煞般的情況，看來並沒有發生在我身上。我笑盈盈的遞上了名片給賣場人員，然後準備開始來個自我介紹……沒想到，賣場的工作人員對我的盈盈笑臉，就停在他看到我名片的前一刻……

「妳是倍潔洗衣粉的副理？」對方原本笑彎了的眼睛，馬上變成凶狠的三角眼，「妳的臨時工作證呢？」

「什麼是臨時工作證？」我眨著大眼睛，一副就是搞不清楚狀況的樣子。

「妳不知道進來要換證件嗎？你們公司是要倒啦，請一個連要換證都不知道的人來當副理！」賣場大哥突然咆哮了起來。

這時間我才發現自己應該是少掉什麼程序了，此時賣場大哥突然對著遠方一位正在整理東西的男子大吼一聲：「那個『通樂』，你過來一下！」

那男子聽到賣場人員的叫喚，馬上衝了過來。

「喂，這個是『倍潔』的小姐，你教她跑一下進來的流程，這天兵，連換證都不知道……」賣場人員隨意對「通樂」先生交代完之後就走了，而我開始禮貌向通樂先生遞上我的名片。

「通樂先生您好，您的名字真是如雷灌耳，一聽就記起來了呢！對了，您貴性呢？」這句話真的不是恭維，我想，聽到有人叫「通樂」的，想忘了他名字都難！

「哦，我姓李！」他笑笑說。

「哦，李通樂先生，您父母名字取得真好，真有先見知明呀！當時就知道未來會有個如此知名的品牌，果然是真知灼見呀！」我繼續恭維著。

「您誤會了，我叫李大頭，負責『通樂』這個產品的業務，賣場的廠商太多，加上流動量大，賣場主管很難每個都記得住，所以幾乎都是用品牌名稱來叫人。比方說，那邊在整理衛生棉的大家都叫他『靠得住』；在整理蚊蟲藥的那個我們都叫他「克蟑」；在藥妝那區跟專櫃小姐哈啦的那位是『縮得妙』，而拖著板車在整理貨物的就是『威猛先生』，所以以後『倍潔』就是妳的代號。」

原來，一般廠商進入賣場從事業務陳列工作時，為了跟賣場的顧客做區分，都得到賣場的員工出入口處去換「臨時工作證」。這臨時工作證只要一別上去，就等於是一張狗牌掛在身上，賣場所有人員都不會把你當顧客看待，而別上狗牌，就是當狗來看待了，當然也得不到基本的尊重。有趣的是，幾乎所有的廠商都是用代號來作稱呼，所以多數人只記得對方是哪家公司、哪個產品的代表，鮮少知道對方的名字。

通常，不管你要在哪個行業裡上手，入門的師傅相當重要！但是，並不保證每家公司都能給新進人員一個很完整的入門資源，比方說筆者所處的公司就是如此！當公司內部的資源不足時，適時的尋找「非競爭對手」之同業，多與同業接觸，多設法參加同業的交際聚會，從他們身上了解行業的特性與文化，更能得到完整的行業動脈與消息。

所謂「非競爭對手」之同業指的是，在相同行業別銷售不同物種的關係。比方說，一樣是賣場的業務，賣洗衣粉的跟賣通樂的兩者並不會互相競爭衝突，但是原則上都屬於量販通路的範圍，甚至接觸的賣場主管還是同一個人。那麼，這種同業，就是相當具有學習價值的同業，彼此又不必擔心「同業競爭」而產生「保密防諜」的心態。

客戶的威脅，聽聽就好

一日在巡補著自己的產品時，賣場主管冷不防地出現在我後方，他指著走道上一大疊的洗衣粉說：「喂，等等妳把這棧板上的貨，統統給我移到另一個貨架上！」

順著賣場主管的手勢方向，我打量了那一棧板的貨。一般來說一包洗衣粉的標準重量是四．五公斤，而一個棧板的洗衣粉數量大約是一百六十箱，也就是說，那堆東西要移動位置的話，我至少必需搬運近一千公斤重的東西。但重點是，那不是我們家的貨，而且我待會兒還有自己的行程！

賣場主管交代完後作勢就要走人，於是我趕緊拉住他：「不好意思，那不是我們家的產品耶！」

賣場人員聽了我這話，緩緩回過頭，冷冷的回答：「叫妳收就收，囉嗦些什麼？妳不收，我就把你們家架子上的東西統統下架，然後妳以後也不用來了！」

我看了看那堆貨，要整理、要收拾、要重新上架，而剩下的要打包，至少需要花掉兩個半小時的時間；公司今天派給我的行程最少還要到兩家店巡視補貨；下午五點鐘以前還要回公司寫報告。在這樣的前提之下，我很難幫忙賣場主管去處理一堆需要兩個半小時才處理得完的東西。

於是我很堅決的告訴他：「不好意思，我等等還有事，而且這不是我們家的東西，我要先走了。」我做出下台一鞠躬的動作，一副就是趕著要走的樣子。

賣場主管可能鮮少被一般的業務拒絕，一副不可思議，語帶威脅的說：「妳敢沒做完就走，我就收掉妳們家貨的位置哦！」

雖然賣場主管看起來不是好惹的人物，不過我知道付我薪水的老闆更不好惹！況且，不會有老闆願意付薪水給一位，花大半天時間去幫競爭對手整理貨物的業務人員！所以最後，我仍然禮貌性的向對方行個道歉禮，然後離開了這家賣場，向另一個賣場出發。當然，過了三天後，我再到這家賣場時發現，我們家的貨還好好的站在它們原本的位置上。

習慣客戶的威脅，也是業務必經的課題之一。客戶的要求要重視，但也沒有必要認為是聖旨。「顧客永遠是對的！」雖被奉為金科玉律，但使不合理的要求被合理化，只會造成業務自己的麻煩。

事實上買賣雙方之間存在的是一種「互相依存」的關係。買方從賣方那裡採買商品來滿足需求（賺取價差獲利），而賣方則是提供了所謂貨款的額度及票期，來給予客戶周轉期間（也就是替買方負擔周轉的利息）。業務人員則是代表賣方，擔任與買方合作、協調及共創利潤雙贏的代表。

在這些前提之下，業務人員絕對沒必要過份貶低自己，沒有必要迎合客戶所有不合理的要求。何況，若判定自家的產品已在客戶的需求中占有「並非可以立即取代」的地位時，客戶的威脅，往往只是試著要爭取更大的利益，但一定不會將自己原有的利益都給賠了進去（比方要強迫下架銷售量還可以的商品等等）。

所以，業務若每次都臣服於買方的威脅，賣方勢必得損失更多的利潤。更何況許多賣場人員的威脅只是口頭上的，並不是有決定權的 keyman，他們的威脅，聽聽就好。

真心話大相挺

這個章節希望與大家分享的是：想要成為一個業務，並非一定要像傳說中的那樣油嘴滑舌、極厚臉皮，或是精通下流手段才能勝任。只要擁有以下特質，就算你的個性剛毅木訥，一樣有機會愉快勝任業務工作，輕鬆撐過傳說中的「六個月內陣亡！」

一、擁有排解孤獨與冷漠的能力，隨時保持自HIGH狀態

其實這個部分真的很容易，這年頭再怎麼無聊，只要隨身帶個NB或3G手機；只要能連上個最愛的論壇，隨時隨地都能回到自HIGH的狀態。就算是個標準阿宅，只要能克服和忍受孤獨與冷漠的對待，撐過陣亡期也不是什麼難事！況且，不止是業務工作，幾乎所有的工作都必需要有承受孤獨與冷漠的能力，更何況業務

無聊的時候還可以到處跑，簡直就是要你光明正大的外出去排遣孤獨寂寞，跟其他職位相比，已經算是上天的恩賜了！

二、隨時保持沈著冷靜，不到最後一刻絕不表態

業務人員離職的原因，往往不是因為業績問題直接被上級砍頭，反而都是自己提辭呈。許多人會說，老闆的意思就是要我走，我哪還有臉賴在那兒不走！在這裡，千萬要記住的是，在老闆還沒有正式提FIRE，也就是還沒有真正表態之前，身為業務人員，千萬不可以先表態！不管是對客戶還是對老闆，這都是個很重要的課題與態度！

許多時候老闆給的言語奚落，往往是在考驗業務是否能承受客戶奚落的能力，而在此時，尤其是還沒做到一個成績之前，千萬別貿然的提離職，而是等待老闆最後的決定。在老闆不丟大絕之前，自己千萬別呆呆的把頭伸出去「自砍」，這點絕對是撐過業務六個月陣亡期的最大重點！

三、只有團隊，沒有個人

想從事業務方面工作的人，通常都較一般人有主見，個性也較積極，因此為人處事都給人比較亮眼、顯目的感受，而相對於同儕主管，工作要求的標準也比較高。雖說「不怕神一樣的對手，只怕豬一樣的隊友」這句話說得實在懇切，但事實上不管做什麼工作，只要在職場打滾過幾年，都會有認為「主管或隊友是豬」的想法，這幾乎是所有上班族的通病。

而有心從事業務工作的人，必須比從事其他工作的朋友，更漠視「主管（前輩）是豬」的這個問題。畢竟新手存活下來與否，除了業績之外，與主管前輩的態度更有著很大的關係，這部分在任何工作圈子都說得通——只要打好人際關係，業績再差也都沒有關係。若只是一昧的凸顯個人的英明神武，彰顯前輩主管的無能短處，只會惹人非議。

四、許多問題，得自己找出答案與方向

業務人員流動率高的一個很大的原因，通常源自於企業本身的教育訓練或後勤資源的不足——這幾乎是所有業務部門的通病！

這個部分要克服也不是什麼難事。問題的答案就和問路一樣簡單，只要肯開口，沒有問不到的，當然也不會有不知道的！有時候自家公司能給的答案，還不如外面同行或客戶能給的多，而傾聽公司以外的人的看法及意見，是個非常不錯的方式。況且比起內部消息而言，外部消息通常都來得八卦、刺激得多（探索八卦幾乎是人類的本能）。看到這兒，應該不會有人認為公司教育訓練資源短缺是個難解的問題了，總之，跑出去問你的客戶或同業就對了！

五、聽到閒言閒語，要有右耳進左耳出的能力

這世界上沒有任何的威脅，比老闆要把你砍頭的威脅來得可怕！業務的身份是代表自己公司；就利益的角度而言，客戶因為威脅得到愈多的利益，公司的損失就

會愈高，而公司的損失愈高，老闆對業務放出來的威脅就會更大！

客戶威脅業務幾乎是一種常態，這次要到了甜頭，下次他就會要得更多；若要不到，他也沒損失，所以所有客戶的威脅，幾乎都是一種常態表現，而這種碎碎唸式的威脅，不管表情語氣有多凶狠，可以表面上給予尊重，但心底就當作左耳進右耳出就好了！

看到這兒，想必大家應該開始覺得，要擁有業務人員的特質，其實並不是什麼很艱難的事了吧！事實上，不單單是業務，而是所有的工作都有會其工作壓力；再者，市面上多數的業務工作，並非像傳說中的都是面對面推銷些騙人或不實用的東西。絕大多數的業務提供的，很大一部分其實是「辦公室以外的客服」服務。

說到這裡，若您已經開始對業務工作不是那麼的排斥，接下來要分享給大家的，就是以百貨通路業務人員的角度，來看「如何輕鬆愉快的從事業務工作，一窺業務工作的甘苦與賣場上的八卦奧秘！」

上線篇

【菜鳥忍耐· 老鳥裝孬】

放下身段與客戶交流，建立起與同業的溝通連繫管道，就是進入「專業」業務人員的領域了。

第三章 菜鳥跑業務——忍著點、學著點

二十萬買來的教訓

國內許多知名的民生必需品，事實上是被少數幾家百年老店的百貨業者給把持著。這些百年老店有的是外商，有的是本土企業，但共同的是，因為牌子老加上公司體質優，所以在業界，不管在薪資福利，或是人員素質，都算是領先指標！也因為如此，該公司徵人時的規模，往往有如選妃一樣，除了挑家世背景學識之外，就連相貌談吐也是很重要的！而能進入這些領先企業任職業務代表，通常都是萬中選一的優秀人物。當然，剛開始，心高氣傲也在所難免……

相較於這些優質的領先企業，賣場的整體環境，就顯得龍蛇混雜了許多。事實上賣場的工作多為勞力密集度高的工作，而在賣場能混出名堂來，除了力氣要夠大──大到搬了整天的貨都不會累以外，腦筋也不能太差。否則每個部門虧個一點錢，賣場馬上就關門了！

事實上，賣場許多的工作人員都是苦力出身，許多人甚至在國中時期就在賣場半工半讀了，加上家庭環境不好，只得一直做下去，然後當完兵回來以後，賣場就會以比較優厚的薪資來延用之前表現良好的人，而這些人只要當完兵回來，就會成為賣場的幹部或小主管。就因為這些幹部、小主管多半沒有花很多時間在升學上，所以在賣場月薪七、八萬以上的所謂之「處長」、「經理」，甚至「店長」級的人物，許多甚至只有高中畢業，而年紀可能三十歲不到。儘管他們年紀輕輕，但論賣場資歷，可能都超過了十幾年！也因為這樣，這些首重「實務」的賣場主管，與部分企業新進的「歸國學人」業務人員（通常都是掛品牌經理）所擦出來的火花，都相當令人玩味。

小李是某食品大廠萬中選一的人中龍鳳，有歸國學人的背景，又有近似梁朝偉的樣貌，再配上「品牌經理」的頭銜，加上身份也算是該公司「董事」的子弟，也就是俗稱的「小開」，理論上來說，在業務的推廣上應該是無往不利。但是，他總覺得賣場人員對他就是不怎麼友善！

其實也不能怪賣場人員對小李不友善。事實上，賣場人員因為整天都得做些粗重的工作，所以工作服總是髒髒的，而且多少都會帶點汗臭味，而小李卻是一臉白面書生的感覺，跟賣場的人相比就是格格不入，總說不上什麼話。而大伙說不上話倒也無所謂，大不了就別說話了，但是小李有個很不好的毛病，就是當他發現自家產品銷售不佳或是陳列狀態不好時，通常不願意與賣場人員直接溝通，反而直接就跳到所謂的「經理」或「處長」級那兒打小報告去了！

倒也不能怪小李總是喜歡越級報告，畢竟賣場經理級的主管不過就是三十歲的年紀，想當然耳，許多賣場的營業人員，可能就是十七、八歲，還在唸高中夜間部的年紀。十七、八歲的小男生，年少氣盛講話自然比較直接粗魯，而小李是文謅謅的讀書人，自然不願被這些「小傢伙」給呼來喚去的，所以會直接找「主管級」的人物來「喬」事情，這本來就是理所當然的了！

但小李動不動就直接找高層主管越級報告的這個部分，真的就是犯了賣場主辦人員的大忌！雖說絕大多數的賣場工作人員都只有負責搬貨、補貨，但身上只要是背著「對講機」的，就算只是個夜間部的工讀生，也代表著他有權利決定某個小部門、小業種的「生死」。事實上許多的高層是不管賣場那些多如雞毛蒜皮的小事，就算告狀告到店長那裡去，最後交辦的，還是這些背對講機的工讀生，也就是所謂的PT（Part time人員）！

某日，某家店的生鮮日配助理，又因為小李的告狀而被主管高層特別「關照」了十幾分鐘。當這位助理很不高興的從店總辦公室走了出來時，一抬頭就看見小李拿著一張訂單明細，昂著頭請這位助理照著明細數量下訂單。這時助理本來也不想惹事，原本打算就直接照上級交辦的做就是了，但在他拿出計算機算了算訂單明細中的資料後，便皺著眉頭告訴小李說：「就算這支高優質鮮奶是貴公司廣告的主打商品，但以往常的銷售數字來看，也不可能一個星期六日就賣掉八萬塊的貨哦！」

小李聽了笑了笑，一副就是希望小助理別誤事，還胸有成足的說：「放心吧！我跟你們主管都交代好了！你只要負責下單就是了！」

不是說這位工讀生助理特意不配合小李，而是這張訂單算了算至少有二十萬的金額，而鮮奶這種東西是有保存期限的，加上現在競爭的廠商又多，一次進二十萬的貨，不管是對賣場，或是對小李，都是很大的壓力！但小李不理會賣場助理人員，執意要助理一次替他下足二十萬的貨好衝刺業績！就這樣，工讀生助理聳肩，也順著小李的意，笑笑的替他打了二十萬的進貨單，然後請小李務必要一次準時交貨。

當小李從助理手上拿到訂單之後，心裡暗自竊喜著，自己「直接往高層通報」這條管道是對的。小李一直覺得，實在不用多花費時間、精神跟這些沒什麼權力的工讀生打交道，而且這次他也發現，工讀生完全拿自己沒辦法時，他對於賣場兼職的PT人員氣焰更高了！

正當小李沈浸在「一次做足了一筆大生意」的歡愉之時，賣場兼職的PT助理人員卻正在對小李到處打小報告的後果，私下給個「報復」！

事實上，賣場的促銷活動有其配合的規則，而賣場的主辦人員最討厭的就是像小李這樣硬行插隊，硬要打亂原本排程的業務。雖然當天小李硬是向賣場的主管強迫推銷了一筆為數不小的訂單，而主要負責的PT也確確實實的把貨照兩倍的數量吃了進來。但事實上，這筆貨吃進來後，並沒有擺放在促銷的位置上，而是放在生鮮區的冷藏庫裡，慢慢的等待過期……

由於許多賣場與食品廠簽的合約，都是可退貨的合約，賣場並不會自行吸收過期品。想當然耳，小李在過了兩個星期後，就接到了賣場整張訂單退貨的電話，他當下晴天霹靂到一個不行！二十萬的過期鮮奶退貨，既不能再製也不能轉賣，只能實實在在的拿去賤價做飼料了！

小李其實是有機會能夠早一點挽救這個結局的，只要他三不五時多到賣場走走，找賣場人員表示一下誠意、關心一下產品的近況，就不會發生這種慘劇了！

給菜鳥的經驗分享

剛開始跑業務時，只需要把自己負責的窗口給按捺好就行了，千萬別仗著自己才高人膽大，專門越級報告，給擔當窗口不舒服的感受。畢竟賣場真正的上級是不管太多雜事的，若你讓擔當窗口故意把事給辦砸了，那麼，這事兒，可就真正的砸了！

小李的例子在許多的業務圈子裡是很常見的，而通常只要被擔當窗口搞上這麼一次，這業務的位子多半就坐不穩了（除非，你是小開兼業務的情況）。這也是許多外商及大廠的業務人員或儲備營業幹部，工作壽命往往只有一年半載的最大原因，而且這現象在目前的物流通路來說，不減反增！

尤其是近來M型社會高度發展，能在外商工作的往往都是歸國學人。這些歸國學子回台工作時，年紀都三十有一二了，而賣場人員多半都是一些家境不好，高中必需打工的十七、八歲PT兼職工讀生。這時，業務如何放下身段，去貼近許多年紀與學識都與自己相差有一截的窗口，可是非常重要的課題！

兼職PT工讀生，讓他從小業務變總監

上篇說到許多業務常被年紀小自己很多的PT人員搞垮，而這篇要跟大家分享的是，如何搞定基層窗口！

國內的清潔用品廠商，早期做得好的，如黑人牙膏、白蘭洗衣粉等，幾乎都是把牌子賣給外商；而國內本土還沒賣掉的自有品牌商，如金美克能、脫普、妙管家等，都在國際大廠的夾殺之下，相當辛苦的生存著。也因為如此，在品項及營業額不如外商豐富之下，本土品牌在於業務人員的分配上，幾乎是一個人負責一個縣市的所有店家，相當辛苦。

本土小品牌的老企業多半存在以下現象：薪資福利水準低落、教育訓練不足，加上公司可用資源少，使得人員流動率相當高。而人員流動率高這個部分，就會讓賣場通路覺得該家廠商「很難配合」，畢竟業務的默契才剛建立起來，就又要換人，而且往往有時一換就大半年看不到人，導致這些老牌子愈做愈小，最後消失在

賣場通路裡。

小陳剛接手這個工作時，也著實一個頭兩個大！首先，沒有主管帶著跑也就算了，賣場的高層也覺得他的品牌知名度不夠大，對客戶無法造成一定程度的吸引力，所以非常不願意與他配合做促銷，對小陳也非常冷淡，讓他很頭痛。但在這點上，小陳與小李最大的不同是：賣場的高層根本就不願意理他。很明顯的，小陳只能在擔當窗口這邊多下點功夫了！

某日，小陳中午休息時間經過賣場外圍時，看到一群熟識、背著對講機的擔當窗口，圍在附近的一家檳榔店對著漂亮的小姐傻笑。當下，他決定等到人群散去之後，去找那位檳榔西施交關一下！

「他們哦，都吃這種包葉的啦！告訴你哦，再送一組維士比加莎莎亞椰奶，他們就愛死你了！」

就這樣，小陳花了三百塊，買到檳榔西施的口述祕訣！因為賣場的工作煩悶、枯躁，而對這些出賣勞力工作的賣場人員來說，能在休息時刻嗑個檳榔，喝個莎莎亞加維士比，就是人間最大的享受了！

當下，小陳把這些「違禁品」放進大衣外套的口袋帶進賣場，然後找了一個置物櫃就這樣放了進去，而口袋只放一小包包葉子的檳榔。接著，他的眼睛開始搜尋著正在貨架前擺貨的承辦窗口，找到目標後立刻飛奔到他旁邊，再一副很「麻吉」的蹲著，陪他一起理貨。

「老大，去休息一下啦，這邊我來就好了！」小陳一邊說，一邊掏出口袋裡的包葉子檳榔，偷偷塞到承辦的口袋裡，然後自顧自的繼續蹲著理著貨。

「你很上道哦！」承辦業務的人員暗自笑嘻嘻，這時小陳拿出置物櫃的鑰匙遞到他的面前說：「櫃子裡有放『一組』提神的，趁冰冰的好喝，去吧！」

小陳這個貼心的舉動，讓承辦人員對他的印象相當深刻。更重要的是，每次只要小陳有來，就一定會帶上一組維士比加莎莎亞椰奶，以及一份包葉子！慢慢的，賣場的承辦人員開始期待小陳的到來，甚至連小陳有一段時間沒來拜訪，對方還會打電話催他，要小陳趕快過來。

「可是，你們那邊沒有擺我的東西，老闆不讓我一直去啦！」小陳如是說。

事實上，要在賣場的走道上擺任何商品，可都是要付上一筆龐大的上架費用，少則幾萬塊，多則數十萬，而這筆費用對本土的平價品牌而言，多半是負擔不起的。但是小陳這個貼心的舉動，讓賣場的承辦人員都非常想念他；加上在小陳老闆說，沒有促銷活動就不能到處跑的情況之下，賣場人員這時終於出手了！

「這樣吧！這期某大牌子的洗衣粉有四個棧版的位置，我拉掉兩個棧板來放你們家的東西，這樣你就可以出來了吧！」

其實小陳布這個局，已經有數個月之久了！他深知自己手中的資源不足，公司沒辦法給他幾十萬，甚至是小小幾萬元的銀彈讓他去做活動，可是幾百塊的銀彈，公司倒是花得起的！而賣場通路有個特性，就是東西只要擺在有人潮的地方，人潮就會自動轉為錢潮！所以，就算是小品牌，只要價錢可以，位置又擺得漂亮，那麼絕對可以創造出不錯的業績！

事實上，當大家看到這段故事時，小陳已經貴為某品牌的通路總監了！當初小陳一個人能跑遍幾乎全台灣的量販通路，靠著的就是賣場附近檳榔西施們的大力協助！

首先他先了解這些賣場工作人員的口味與需求，然後每個月都放一定額度的金額在檳榔店裡，若自己沒有空跑去親送，就請西施們打電話 CALL 賣場人員來自行取貨，順便給自己美言幾句；在客戶吃人嘴軟又投其所好的情況之下，自然業績滾滾而來！

重點是，最後小陳幾乎不用自己跑客戶了，反而是客戶自己追著他跑，而許多大品牌砸大錢買的位置，都因為他維士比加檳榔的攻勢，給他奪去了大半！讓小陳在短短的三、四年內，就替公司打下了江山，穩坐通路總監的位置！

！給菜鳥的經驗分享

每個客戶都有私底下喜歡的癖好，而業務的工作雖然是整天黏著客戶談生意，但是若能抓住客戶的癖好投其所好，然後在大家酒酣耳熱的情況之下，順水推舟的把生意推進去，成功者甚至還可以讓客戶自己來催你把貨交出來！

畢竟現在跑業務的型態，在客戶端，也就是承辦人員，都只是「吃人頭路」的，而不是真正的老闆，他們工作的重點就是要「互相覺得開心、愉快」就好。何況，這些所謂的心情愉快是建立在沒有收賄或是接受什麼大不了的招待，只是分享個兩顆檳榔、幾杯阿比的情況下，何樂而不為呢？

小陳的故事給告訴我們一個經驗，就算沒有天時（公司品牌不夠響亮），也沒有地利（公司沒有行銷資源），但只要掌握住人和（與賣場窗口培養好感情和默契），一樣可以創造業務佳績，利用通路的曝光度來打響知名度；而直接與最基層的承辦人員多進行一些業務談判，則是節省通路費用的捷徑！

搶救商品大作戰

會在賣場裡閒逛的有四種人，首先當然是消費者，其次是賣場服務人員——當然，也少不了廠商業務代表，但最後一種，就是小偷！說到小偷，不止賣場服務人員氣得牙癢癢的，業務們更是希望賣場小偷能夠從此杜絕！

「我好倒楣呀！短短六個月，我這個櫃子的口紅，就短少了二十萬的帳差了！」美麗動人的美妝品業務小麗幾乎就要哭出來了，看見她的眼淚，所有人都默默的在心裡替她默哀。因為，可以見得的是，或許下次到賣場，就看不到她可愛美麗的身影了！

賣場裡失竊率最高的，就屬於美妝保養品，而這也是美妝品業務通常都很短命的原因。事實上，賣場的美妝品遭竊一直是長期解決不了的問題！就算在條碼上裝了磁扣（若沒有經過消磁程序就會在結帳大門口發出聲響），但聰明的小偷早就有了破解的方法——若有心要偷，就會直接撕開最外層的包裝盒，然後快速的在自己嘴上抹個兩下就丟進自己的包包裡。除非攝影機有拍到犯罪現場，或是被賣場人員抓到現行犯，否則根本就拿小偷們沒辦法。

「唉，其實我也好不到哪裡去！」賣舒酸定的阿寶在一旁拍著小麗的肩頭安慰著她。

阿寶講這話倒也是實情，因為除了美妝品以外，很不可思議的是，舒酸定牙膏也是賣場經常失竊的東西！有時候一個月也是得不見個一兩萬元的商品，大家根本不知道客人怎麼這麼神通廣大，連大口紅好幾倍的牙膏，都能輕而易舉的塞在衣服裡帶走。

其實業務們不是沒有自立救濟，除了加派人手在賣場裡三不五時盯場外，產品全身上下能做防竊功能的地方都做了，但失竊率還是居高不下。先前為了降低被竊風險，有些商品甚至學習了酒商的做法，在架子上只放置空盒，而物品一律等結完帳後再到櫃台領取。但這種做法賣場也不太願意支援，一方面貨架上沒有擺放實品，會降低客戶的購買衝動進而影響銷售業績；另一個部分是，當客人偷不到舒酸定時，其他品牌的抗敏感牙膏，也就跟著順便遭殃了……

比起阿寶跟小麗，小胖就顯得幸運的多！

小胖是賣紡織品的業務，舉凡外套、毛巾、內衣褲、襪子都屬於他的管轄範圍。相較於美妝及小型日用品，多數的紡織品多半外面都會放置磁扣防竊，所以遭竊的機會不是很大。但是比較頭痛的，就是內衣褲與襪子的這些部分。

若說口紅、牙膏這些東西，被偷了之後還可以在嫌犯的包包口袋裡找到，但內衣褲這些東西要抓現行犯可就沒那麼容易了！賣場裡的小偷偷東西的手法千千百百種，其中偷竊內衣褲的技倆，可通常是好到非常難抓得到。

一般而言，賣場裡賣衣服的地方，都會有試衣間供客戶試穿。尤其是在假日人多的時候，試衣間進出的人也就比平常多了很多倍，此時服務人員很難一個個過濾，到底進去試衣間的那個人，是真正在試衣服呢，還是假借試衣服之名，行偷衣服之實！

通常，在賣場偷衣服的技倆，不外乎就是把要偷來的衣服穿在自己原本衣服的裡面！若以遭竊種來歸類的話，一般來說，又以輕薄短小的內衣褲算是比較好下手的東西。

話說，兩年多前在某連鎖通路就曾經抓過一個這樣的竊盜犯。該名小偷在落網時，身上解下來的內褲居然有二十件之多！若不是他已經在十多個賣場都犯下相同的竊案而引發連鎖通路的疑心，否則要來個人贓俱獲，絕對不是容易的事！

這名小偷的手法真的是很特別！首先，他會先真有其事的到外衣區挑了一大堆衣服放在購物籃裡，接著，再到內衣區開始搜括大量的內衣褲。之後，就提著一大籃衣褲走進試衣間開始試衣，然後在試衣的過程中，將內衣褲包裝拆掉後一件一件穿在自己身上，最後，他會以外衣全部都不適合為理由將衣物歸位。接著，為了不讓人起疑心，他會拿個兩件內褲到櫃台結帳，然後穿著二十幾件內衣褲，從從容容地走出賣場大門！

一開始，他這樣的手法的確是沒人看得出來，畢竟在賣場干擾客戶更衣是非常不禮貌的行為，而且賣場就算懷疑，也絕對不可能無禮到脫下客戶的褲子來作檢查。但是因為他得手的頻率實在是太高了，甚至在一天之內就偷遍了區域內的所有賣場，以致於驚動了轄區的負責業務。

在一天之內被偷了五、六千塊貨品的情況之下，他勢必會引起通路管理人相當程度的注意！某天，當該位慣竊又故技重施之時，他已經不知道自己被賣場人員和業務阿胖給盯上了！就當他開始在試衣間裡換衣服時，阿胖特別到門外偷聽，確定他有拆開內衣褲包裝的聲音，然後不動聲色的讓他從容的離開更衣室後，馬上進更衣室將其拆開的塑膠袋等物品都收集好，準備在結帳口處恭侯這位小偷。接著，阿胖在確定他就是只有結兩件內褲帳的同時，拿出沾有他指紋的塑膠袋，然後由警方解去他的褲頭，一舉將他逮捕！

雖說就算抓到了慣竊小偷，但阿胖每個月免不了還是會有些小小的損耗。只是跟小麗美妝口紅等二十萬的帳差比起來，真的是小巫見大巫了！就在小麗哭得一把鼻涕、一把眼淚時，這時負責食品的阿華，也是臉一陣青、一陣白的佇在一旁發抖著……

最最可惡是內賊！

阿華是負責食品的業務，主要的品項是泡麵及麥片類商品。

比起美妝品來說，客人偷竊食品的機率是相對低的，尤其是沒辦法現場煮食的食品，客人都大多只能乖乖的帶出場去結帳。至少從這個角度上來看，食品業者或許算是賣場裡的幸運兒，至少偷兒比較難光顧到，不用防外賊。但相較於外賊而言，賣場裡的內賊，其實是更更可恨的！

賣場的最大、最難剷除的內賊，指的可不是賣場的工作人員，而是指那除之不盡、殺之不竭的老鼠大軍們！

賣場的老鼠堪稱全世界最幸福的老鼠。環境冬暖夏涼不說，所有的水源、食物，可以說是取之不盡、用之不竭。食品部門最怕的，就是老鼠大軍，儘管貨架與倉庫都放了許多毒鼠藥、黏鼠板及捕鼠籠，但是，賣場裡的老鼠可都聰明得很，從來不會誤入陷阱；而聰明的老鼠專嗑泡麵、餅乾，視誘餌於無物……

外賊至少目標明確，但老鼠內賊就真的是拿牠們一點辦法也沒有。賣場對於捕鼠這塊也花了很多心思跟力氣，甚至每個食品廠商都贊助了為數不少的捕鼠費用。但是，一整個棧板的泡麵在一夕之間被老鼠大軍吃光光，還真的不是什麼大不了的新聞！

通常若是口紅、牙膏被竊盜集團摸走；內褲被有心人士穿走……這些只要抓到都求償有門。但是，對於食品業務來說，十幾萬的泡麵在一夕之間被老鼠吃光，就真的是保證求助無門；而且被啃食的泡麵、餅乾，對賣場來說一般是不負賠償責任的，最後都是由倒楣的廠商自行吸收……

! 給菜鳥的經驗分享

對於賣場物品的遭竊問題，比較好的處理方式是，聯合所有的同業廠商，合資請一位固定站櫃的客服小姐。這位客服小姐除了平常協助理貨、補貨之外，最大的功用在於，當看到客戶有「不尋常」的小動作時，就會立刻趨近向前「禮貌」的詢問：是不是有什麼需要服務的地方。這些小動作，都是嚇阻部分不肖消費者順手牽羊的好辦法，而廠商業務也可以減少人力支援與貨品的損失。

雖說如此，目前品牌整合的部分卻仍是個很大的問題。每家廠商的業務在處理此一損耗時，多半還是居於各自為政的狀態。到目前，都還看不出有整合、互相協助的心態，使得目前通路賣場的產品失竊率仍是居高不下，部分品項在每個賣場，每半年盤點的帳差甚至可以高達十幾二十萬，被竊金額相當可觀！

打混，也是一門學問

常言道，不打混的，就不是業務了！許多人對於業務的表面印象總是——打混，還常給予不屑的評價。大家老覺得業務開小差多半是溜回家睡覺、吃飯、泡馬子去了！但事實上，打混卻是身為業務中，一向極為重要的功課。

業務圈裡常有句話說得好：「打混打得好，業績壞不了」，這句話可不是隨便說說的！事實上，打混對於所有的業務來說，是必須用心鑽研的功課。有技巧的打混，對於拓展人脈、了解市場動態、刺探客戶喜好等，都有非常卓越的幫助；而打混這堂課，也是菜鳥業務，進階老鳥業務的必經課程！

下午時分，大街小巷裡的泡沫紅茶店，坐得滿滿在那聊天的客人，十之八九都是業務人員，而其中的十之八九，幾乎都是跑通路的業務人員！一般來說，基層通路業務人員的薪資水準都很「平民」，所以像星巴克這種一杯飲料就要花掉一百塊錢等級的店，不會是通路業務人員的首選。通常，平均一杯飲料二十五到五十元以內可以坐兩到三小時，隱身在大街小巷裡的平價紅茶店，就成為通路業務人員的聚集交會所。

小王九點鐘打完卡，處理完網路上抓下來的所有訂單之後，大約十一點鐘就會跨上摩托車，開始一天大街小巷的超市拜訪行程。

一般而言處理通路的基層業務差不多都是這樣的行程，公司會安排一個固定的區域，裡頭大大小小的店家差不多有六十至八十家，然後一個星期左右，每一家店至少要巡視個一回，到店家查查庫存與進貨販售的狀態。

平均一家店家的拜訪時間會花掉半小時左右，而店與店的車程大約是十五分鐘以內；若以五點半左右打卡下班來說的話，一天拜訪個十到十二家客戶，時間算是非常緊迫的！

理論上，在這麼緊迫的時間內要完成所有的業務的拜訪事宜，其實是很困難的，但偏偏每天下午兩點半的時間一到，滿坐平價紅茶店，在裡頭那泡茶、抽菸、打十三支的，幾乎是通路業務人員……

小王十一點出門之後開始往某個區域的小店家移動，但他沒有立即的前往拜訪、抄表，反而是慢慢晃到有冷氣的平價簡餐店坐了下來、點餐，慢慢享受他的午餐，就這樣緩緩吃到了一點鐘，然後騎上摩托車出發前往欲拜訪的店家。

小王負責的商品只有少少的兩支肥皂，這兩支商品在他進場後，抄寫貨品和庫存的動作幾乎只花費五分鐘不到的時間，就處理完畢了！原以為小王之後馬上就要趕往另一家賣場做著重複的抄寫貨品和庫存的動作，但小王似乎沒有打算走的感覺。

在處理完自己的商品之後，他意猶未盡的在賣場的其他貨架上不停的逛著，一邊抄著自己有興趣的品項的價格、數量，一邊看到新奇商品就買了下來，整整花了快四十分鐘才滿意的離開，然後帶著戰利品再趕往另一個賣場。接著，一樣只花了不到五分鐘的時間在自己負責的商品上，但卻又結結實實的把賣場整個翻了一遍！

照這樣的時程安排，小王的業務行程是跑不完了！但是在逛完兩間賣場後他滿意的笑了笑，整個人輕鬆了起來。他看了看錶，時間停留在下午兩點多，他滿意的點了點頭，再度騎上摩托車，往平日熟悉的平價紅茶店移動。

一到場發現，大家都到了！大伙兒熱情的招呼他坐下，他提著滿滿一袋在賣場上買到的雜貨，就近擺在桌上。桌上除了他帶來的東西以外，還有其他人帶來的雜貨。很快地，他在那堆五金百貨中快速 view 了一下，馬上挑出了幾塊最近新上市的肥皂放入自己的袋子裡！

「謝啦小李，這塊肥皂可是在那遙遠的天母才買得到的高級進口貨呀！」小王從口袋裡掏出錢給笑著舉手的小李，滿意的說著。

小王一邊笑，一邊拿出許多張不同格式的報表。此時，大家也不約而同的從自己的包包拿出了一大疊跟小王包包中類似的報表，然後互相交換著。小王不停的拿著自己的報表跟其他人交換，終於把自己手上那些不同格式的報表都交換成相同格式的了！

「嘿嘿，看樣子，這個星期五又可以約一約去騎單車了呀！」小王滿意的翻著手中厚厚的一疊報表，那是一整疊超過六十家他負責區域店家的抄貨及價格資料！

雖然他今天只到兩個店家去做例行公事的拜訪，但是因為常常來這裡泡茶的關係，與這個區域的許多同行建立起了很緊密的連結網，雖然公司分派每周至少要拜訪七十家店家，但因為加入這個連結網的同業愈來愈多，所以大家開始分工合作，每個業務都只需要把自己在這個組織內被分派的少數幾間客戶做深入的服務，除了處理自己品牌的產品之外，順便為其他同業做服務，之後再到這個聚會點做資訊情報的交換。如此一來，不但省掉不少跑客戶的時間，也不用浪費許多人工在那些其實很瑣碎卻又沒效率的事務上頭。

互相交換完資料跟商品之後，業務們開始拿出撲克牌打十三支。雖說是在打牌，但大家的賭意其實也不在贏，而是在打牌的過程中，開始把聊天的重點帶到今日大家各自訪店時看到的一些特別需要互相注意的事項上！

「最近天母SOGO開了之後，附近許多店面老闆都不太想做囉！SOGO吸客的效應影響持續擴大，很多店現在的生意都很清淡呀！」

「桃園經國路上又新開了兩家全聯社分店，那條路上超市起碼有三十家，生意很競爭的呀……」

「林口工業區那附近很多工廠都歇業了，外勞都回家鄉去了呀！」

「不過，最近台北抗議的場子好多哦！附近的店家都賺翻了耶！」

「內湖捷運線附近的店面開始貴了，有幾家不錯的小吃都已經開業，造成了集市效果，最近公司有要展店的可以去那附近找找看……」

大家一邊喝飲料一邊打牌，然後開始不經意的分享最近的生活大小事，一旁的小王卻很刻意的將大家說的一切都記錄了下來。這些消息，有些或許是自己親自跑上了好幾圈，都不一定觀察得到，或是探聽得到的大重點！而在大家「牌酣耳熱」之際，不經意的從各同業口中說出的這種重點消息，可不是每天認真到客戶那補貨、抄庫存進貨數字就能問得到的呀！

比方說，天母SOGO開幕造成商圈移轉，那麼是不是該報告老闆，天母區貨品的上架向方也得修正一下了；桃園地區超市競爭過於激烈，就算加入通路的價格戰也不見得能提高獲利；老舊工業區附近的商圈是否會因為人口結構的改變而凋零，這個部分需要持續觀察；台北抗議的場子多了，人口也聚集了起來，雖然自己賣肥皂好像跟這個沒什麼關係，不過哪天有空是不是可以跟小趙批發一點冰涼飲料，去附近擺擺攤賺點外快什麼的，反正時間那麼多；內湖捷運開通了，沿線的店面在下班時間一定能藉著捷運通車造成集市的效果，若能擺上幾檔促銷，一定能創造不錯的業績；反倒是原本在公車路線上的店家，生意要多注意了，畢竟客戶固定就這麼多，在市場規模不變的情況下，商機只要一轉移，東邊好了，西邊就差了……

給菜鳥的經驗分享

打混是業務一門非常重要的功課，也是基層業務要自我提升到較高層級的一個相當大的考驗！

許多業務發現，當自己可以很輕鬆、自在的分派自己時間的時候，絕大多數的人都會不經意的拿來吃喝玩樂浪費掉：有的回家睡一下午；有的沈迷網咖；有的找女朋友約會；有的整天在號子裡看盤……真正有自我提升能力的業務，會好好的利用這種能夠打混的時間，充分去觀察、了解行業的脈動，建立起自己的人脈，掌握節奏，在適當的時間跟同業技巧性的交換訊息，吸收同行業不同業種的相關知識，進而提升自己的視野及觀念。

許多人對於業務工作有著很大的誤解。至少有一半的人認為業務嘴上從來就只會談生意，三句話離不開錢與利益；另一半的人卻覺得，業務除了談生意以外，就是只會聊一些風馬牛不相及，與「認真工作」不相關的事，給人一股遊戲人間、風花雪月，完全沒有腳踏實地的感覺。

現實生活中，一名成功的業務，需要花很多時間去學習一些如何風花雪月的溝通技巧。因為一個只會談單價及生意的業務人員，很難在業務的推廣方面有良好且長久的成效。試想，有誰會喜歡一個成天見了面就滿口不離錢的人？

業務跟客戶之間的關係建立，交手的時間短則數個月，長則數十年，若這名業務見了面就只會談單價，久而久之，一台傳真機就能取而代之了。要維持長久的生意，勢必要投客戶所好的找一些有趣的話題或活動，才能夠讓客戶不討厭業務的例行拜訪。

長期有著良好的拜訪關係，才是真正建立雙方合作默契的基礎。一個太過正經，完全不會談些風花雪月事情的業務人員，是沒辦法嗅出客戶、窗口心裡的癖好及喜惡；完全不跟同業一起打混的業務，更難了解彼此行業之間的脈動，很難把業務的推廣，從一個點，擴充到一個完整的面！

所以，業務的重點不在於日日夜夜不停的拜訪，而是拜訪完一個大概之後，能夠停下來看看四周的風景，然後篩選重點客戶，集中火力攻擊，而其他的時間，就在打混中收集情報，這就是所謂的「打混打得好，業績壞不了」的重點所在了！反之，日日夜夜沒有重點的拜訪，客戶也很難對業務留下深刻的印象，加上話不投機半句多，最後只會被打入「苦力」一族，這時，你的存在單純只是「以勞力服務客戶」，完全失去了業務人員真正的存在價值！

當一名甫入行的業務人員，若能夠做到本篇所述的基本功夫，如放下身段與客戶交流、進出貨與盤損成本控制、擁有客戶主動聯繫的魅力，以及建立起與同業的溝通連繫管道，那麼，就是提升自己進入「專業」業務人員的領域了！

第四章 老鳥跑業務——「逛街」是工作

熬過陣亡期，朝資深業務邁進

資深業務與菜鳥業務最大的差別就是：手中會有比較多的固定客戶。之所以會有比較多的客戶，倒不是因為公司仁義心大發，撥了一些重要的客戶下來，而是因為在六個月的陣亡期中，陣亡了不少「同梯」，所以自然而然的就會接收其他「陣亡將士」手中開發出來的固定業績。而掌握了固定資源之後，你就會晉升為資深業務。

相較於菜鳥業務而言，資深業務在於客戶業務的處理上，多半偏向「以靜制動」。

一般而言，手邊比較事務性的工作，會慢慢的交給助理去打理，而例行性的拜訪也會慢慢減少，工作的重點會慢慢趨向業務管理的方向，比方說市場情報收集、價格的制定、促銷的策略、客服客訴的處理與產品定位這些業務制高點較高的方向；而管理的面向，也慢慢的必需從面對面的拜訪，轉向為由業績金額或出貨數量的統計數字，來推敲連結整個業務結構的點、線、面。

新貨入荷買很大、公司產品堆很大

以商品來分類的話，販售成品的業務，工作起來會比販售原料的業務來得有趣多了。尤其是販售一些民生必需品的通路業務，生活更是多彩多姿到令人生羨！

一般的百貨通路業的範圍甚廣，日常生活中接觸到的所有東西，包括家電3C、食品、五金、食品飲料、清潔用品、保養化妝品、服飾等，都屬於這個範圍。百貨通路業務的工作重點，在於將負責的商品鋪貨至四處可見的百貨賣場，如百貨公司、超市、量販店、藥局、美妝店等生活用品館。

一般資淺的百貨通路業務，每日例行性的工作多半是在巡視賣場的貨品是否正常；資深的百貨通路業務，負責的層面則更提昇了，除了督促、帶領新進人員巡視賣場之外，新商品的推出及促銷活動的安排，更是資深通路業務需要負責的工作重點！其中最令女人稱羨的，非成衣服飾及化妝保養品業務莫屬了！

安妮是某家品牌服飾業者的資深業務人員，平日的工作除了逛逛賣場、巡視櫃位之外，最重要的是負責收集其他競爭對手的情報！自從由菜鳥畢業，晉升到老鳥之後，安妮的每日行程幾乎是一成不變的在全台各大百貨公司「逛街」。

一早，安妮拿著VIP卡先到百貨公司兌換會員禮，據說這次的會員禮是一條質感不錯的絲巾。通常，只要跟服飾、紡織品有關係的資訊，都是安妮得收集的部分，安妮打算以這條絲巾做為樣品，或許下次品牌的會員禮，就能比照辦理！

換完會員禮後，安妮看到一樓的女鞋區已經展示了今年最新的設計款。她開始一家家試穿不同櫃位的鞋，看到較新潮的設計就直接刷卡給他買了下來，沒一會兒功夫，就買了八雙不同款式的鞋子。當然，這也是買回去給公司參考的，下一季新產品的設計方向或許就可以從這裡來！

逛完了女鞋區後，安妮打算往另一家百貨公司前進。在路上，她發現路邊小店展示的皮包看起來頗具設計感，帶有濃厚的韓國風與日本風，於是又入手了幾個包包；在掃包包的同時，路邊的小販也賣著鑲滿水晶亮片的髮飾、別針，安妮想都沒想，隨意挑了十來個就這樣放入包包裡，然後統統帶回公司。

安妮帶著戰利品回到公司後，開始分門別類的整理。首先，她先把所有打好統編的發票拿出來，填好報公帳的單據再交給會計室好領錢，接著安妮又開始區分各種不同的戰利品。比方說，髮飾、別針或許可以成為明年公司品牌的入會會員禮贈品；包包的話，可以列入滿額送的限量搭配商品；若公司考慮開發一些副產品好增加業績，其中鞋子類的商品更是搭配衣服不可或缺的。安妮打算建議公司增加鞋類品項，這對衝高整體業績而言，絕對是正面的幫助！在報好公帳領完錢之後，安妮把這些新買的行頭統統穿戴到身上，接著背著相機趕往同業新品發表會的秀場。說不定看到喜歡的，還可以再包個幾套回家！

是的，買了可以參考的新樣品之後，許多業務人員必需提供公司一份新樣品優缺點的文件，來評估是否能作為公司可開發販售商品的依據。要了解這些非公司產品的優缺點，最快的方式，就是自己試用，試用完畢之後再做一份報告向公司做呈報。安妮一直是通路界中，女性同業最羨慕的對象——尤其對部分賣拖把、垃圾袋這類的女性業務而言。

安妮的血拚的行頭，都是為了替公司抓住最新流行脈動所做的。尤其是對服飾業來說，同業競爭者的設計趨勢與方向，是公司很重要的參考依據！而在shopping的過程中，還能不經意的與競爭對手的販售小姐聊到，哪些貨色是公司主推、哪些是消費者反應良好的商品。經由這些話術的推敲，在購買的過程中，也可以了解到同業業績的分布與導向。

就女性觀點而言，從事服飾與化妝品的業務朋友，總是最讓人羨慕！全身的

「試用品」行頭除了是由公司支付之外，每天工作的環境，不是百貨公司，就是精品店，而工作的內容，就是一家給他接著一家逛下去就對了！

一般來說，從事通路業的朋友，身邊與相關行業的產品多半都「試用」不完。做服飾的，家裡就會有一堆衣服；做清潔用品的，家裡就會一堆洗衣粉、洗碗精；做美妝的，家裡就有一堆化妝保養品；做五金的，家裡鍋碗刀盆一大堆；做食品的，天天都有吃不完的NG餅乾、泡麵；做酒的，每天喝得臉紅紅；做3C的，整天換手機；做電玩的，每天在打GAME……

這些外人眼中欣羡的行為，比方說逛街、買東西再報公帳，其實都是資深業務人員工作的一部分。所以許多通路的業務人員，假日的休息時間是絕對不會逛街買東西的，只要一聽到得陪家人逛街買東西，就視為畏途。因為平常就已經將賣場當自家廚房在走了！假日怎麼還可能逛街？

至於，買完東西後的報公帳行為，玩個幾次，最後也都懶得假公濟私了。因為光是報告就寫不完的這檔事，已經夠搞死人了。通常，資深業務這些看似「福利」

的工作，慢慢的，多半都會丟給比較資淺的、玩心尚重的菜鳥去執行，自己反而躲在後頭下指導棋，「督促」菜鳥：「報告快點交！」

改配方、換包裝，利潤賺很大

就業務而言，單價永遠都是一個很棘手的問題！以公司立場來說，能提高單價，當然就會盡量提高，但是單價提高到消費者不買單的時候，銷量自然而然就會減少。如何制定一個公司及消費者都能接受且達到平衡的單價，一直都是困擾著業務的重點問題！

而更嚴重的是，目前通路商日益坐大，通路跟通路之間往往會有所謂的競價競爭。以往的業務只要考慮好消費者買不買單的這個部分，現在面臨到的卻是，除了消費者以外，通路商之間（如大潤發、家樂福、全聯社）也會展開競價活動。當通路商發現自己利潤不足以維持營運時，又會回頭對生產廠商提出降價的要求。一旦生產廠配合降價之後，通路上又開始玩彼此競價的遊戲，周而復始的玩到一支品牌或產品到雙方都毫無利潤時，然後下架。

對通路商來說，賣相不好，或賣到沒利潤的東西，依規定下架就是了！然而一個產品的產生，都得耗費生產廠商許多的研發及廣告成本，當然不可能任由通路商因為隨意競價，進而導致產品的生命週期提早走向死亡。所以，穩定價格策略的制定，就是資深業務很重要的一個課題，而這個問題不管是通路業務，甚至是所有行業的業務，都會面臨到的！

因應方案一：改變配方，提出新商品

早期的洗衣粉都是四．五公斤的標準包裝，這個包裝也是每家賣場檔期促銷的重點產品——它殺價殺得最凶，但也最沒利潤！不過洗衣粉卻是國內許多清潔用品品牌賴以為生的主力產品——畢竟它屬於消耗性民生必需品，使用依賴度僅次於衛生紙類商品。為了獲利，許多公司開始開發新一代的洗衣產品，比方說「超濃縮洗衣粉」。

事實上，早期國內本土自產第一代洗衣粉配方，是由傳統工業名校台北工專的許多優秀學長開發出來的！而這早一輩的創業者，現在多半已六、七十歲高壽了！在那個時代，洗衣粉可是有別於水晶肥皂的高級商品。當時，洗衣粉產品剛推出的時候銷量並不好，因為一大塊洗衣用的水晶肥皂不過才五塊錢，而一包洗衣粉就要一百多塊，重量也不過才兩公斤左右。這樣的包裝與價格，在三十年前那個物資缺乏的時代，算是極度奢侈的豪華品！

這些老前輩好不容易開發出來代替肥皂的商品，卻因為單價及成本的問題，變得接受度不高！其中，有位參予研發銷售的創業股東心想，賣不好的主要原因八成是看起來不夠「澎派」，所以讓人有過於昂貴的感覺。於是，他靈機一動，在原本的洗衣粉中，加入了許多不妨礙洗淨力道的「粉料」做為填充物，將其原本兩公斤洗衣粉，瞬間填充成為近五公斤重的洗衣粉！

這一填充，容量馬上大了兩倍多，但是價格不變，於是消費者立刻感受到廠商的「誠意」，開始大量購買。後來消費者的洗衣習慣，逐漸被教育成由水晶肥皂更換為洗衣粉，當然也造就了一批因為洗衣粉而發大財的老一輩商賈。

但是這洗衣粉在經過通路商的競價削價之後，慢慢變成最不賺錢的東西了。為了生存下去，勢必要提高產品的單價，但是莫明奇妙提高產品單價的做法，消費者勢必不能接受。最後，商人們開始把過去老祖宗的智慧再拿出來執行一遍。這東西，也就是現在坊間所謂的「超濃縮洗衣粉」！

是的，這些標榜超濃縮的洗衣粉，事實上只是沒有經過「粉料」填充的產品，體積小了一半，但單價卻賣得高了些。它標榜著不占空間、超濃縮的概念，讓消費者也接受了，進而開創了另一個洗衣劑的市場。當然，超濃縮洗衣粉玩完後，業者又開發了所謂的「洗衣精」！

洗衣精就是洗衣粉更上層的原料，活生生的就是「界面活性劑加水去稀釋而成」的東西，生產及製程上的成本更便宜，但末端單價卻差不多！

也就是說，廠商因為將一支商品改變配方而發展成五、六支商品，分散毛利和價差後，在不同的通路主推不同的商品，再慢慢產生平衡，以致於不會損失過多的毛利！

因應方案二：改變包裝就能增加單價

當產品線擴展到一個極限時，或者是公司的產品根本就沒辦法擴展成不同配方的產品線時，那麼改變包裝或許是一個很好的方法！

大家應該都有個印象，日前消基會踢爆，標榜環保補充包的 2000ml 洗衣精，實際單價比桶裝 4000ml 的洗衣精更貴！

事實上，標榜環保補充包的包裝膜，為了避免破袋，所以使用了韌度很強的「積層膜」作為包裝容器，但這種積層膜是無法回收的，所以跟所謂的「環保」根本就扯不上半點關係！反而是使用 HDPE 或 PP 的桶裝包裝，才是完全可回收的環保容器！

廠商會使用「積層膜」材質來作為補充包，完全是因為桶裝的洗衣精在單價及毛利上也因為競價到了一個極限，而另外開發出來的新商品。

打著環保之名，減少桶裝一半的容量，其實補充包的成本是桶裝的六、五折，加上積層膜比塑膠桶來得便宜，廠商得以在這些價差中爭取一點生存獲利的空間。

除了洗衣粉這麼玩以外，大家應該也發現了，在食品、飲料的部分，也玩著不同通路不同包裝的遊戲！

當然，在 7-11，我們買的飲料都是以單瓶包裝，且單價較高，這部分不會有問題。但是大家一定有發現，一樣的罐裝飲料，在不同的連鎖賣場，有的是六瓶用一個包裝膜封起來，有的卻是四瓶用一個包裝膜封起來。甚至，六瓶裝的飲料，有的是 500ml 六瓶，有的卻是 750ml 六瓶。

在不同的通路，有著不同的包裝，甚至是不同的 ML 數。這個部分，完全是為了避免消費者比價，也避免通路商彼此削價而做的。畢竟在 ML 數及包裝入數都不同的前提之下，競價的基礎不同，也比較不會引起過度的削價競爭！而這個現象目前廣泛的出現在所有的零食、飲料、泡麵等業界。至於，在清潔用品業界，也開始出現類似包裝上的競爭，比方說先前一匙靈盒裝的洗衣粉大多是兩公斤裝，後來慢慢有其他的業者推出一．五公斤裝的濃縮洗衣粉，接著又開始有業者推出一公斤包裝的「非濃縮」洗衣粉出來魚目混珠，讓消費者誤以為成濃縮洗衣粉。最後，消費者因為包裝太多，進而就無從比價。

在這一系列的包裝競爭中，筆者比較推崇的是酒類包裝模式！

首先，酒類為配合送禮的因素，所以包裝多半比較高雅！而高級酒類的商品競爭，大多不在ＭＬ數與價格，反而在包裝的精緻度與裡頭附贈的小贈品！

事實上，許多高級酒類的小贈品，如酒杯、小錫壺等，往往都精緻得令人愛不釋手，而這股愛不釋手，會沖淡絕大多數消費者比價的心態！加上賣場通路的贈品包裝都有特別的規範——不同系統的賣場，將會買到不同包裝的贈品。許多人甚至是為了收集這些精緻的小贈品，跑遍了所有的賣場只買一盒酒，進而大大衝高了銷量！於是，酒類商品的包裝競爭，也成為商品包裝中的最佳典範——改變不同的包裝方式，除了可以區隔價格，更可以利用消費者有心收集贈品的心態，大大的提高了業績！

後來這個利用精緻贈品包裝作為市場區隔的案例，大大的被應用在超商的「滿額集點送公仔」行銷戰中，並引發消費者收集的熱潮，創下通路史上最佳的行銷範例！

形象傷害痛很大，客服處理小事化

許多產品的生產過程中，難免都會遇上部分的瑕疵，而這些瑕疵絕多數會變成客訴的起源！產品客訴最後的處理階段，難免會走上賠償一途，而業務終究還是代表公司；基於公司的立場，賠償的金額及項目當然是愈低愈好，所以客訴的處理，也是資深業務很重要的環節！

誘導客戶步入談判陷阱

日前有個很令人咋舌的新聞，某家大型咖啡連鎖店的工讀生，在清洗咖啡機時，忘了將清潔劑倒乾淨，而煮了一壺「清潔劑咖啡」。這咖啡最後賣到了客戶手上，於是成為頭條新聞。媒體的標題下得聳動，小蝦米之消費者，對抗上大鯨魚之國際連鎖咖啡店！

一開始這則新聞是在某個以「開箱文」著名的網路論壇上，「有圖有真相」地發燒了起來。在媒體批露後，消費者與咖啡連鎖店開始進入談判，而最後這則新聞的高潮落在：消費者對於購買到清潔劑咖啡的求償動作，為「具體求償八十萬元」，然後這則新聞不了了之……

類似的事件也發生在其他新聞版面！

消費者在某賣場購買了一件標示為台灣製的童衣。在拆包之後卻發現，縫製在衣服內的內標，標示的卻是中國製！在產地標示不明的情況之下，消費者並沒有拿著這件衣服向賣場要求更換，而是直接向媒體批露，控訴賣場販售「偽裝台灣製」

的山寨、黑心商品。賣場雖然第一時間表明願意更換全新的產品作為補償，但消費者並不接受。最後在賣場派出代表與消費者做賠償談判時，這則新聞也不了了之……

除了食品服飾外，洗臉盆爆裂割傷人一事也時有所聞，在社會新聞也都占了不少的版面。受害者多半是面部血流如注、住院多時，而新聞的高潮點最多也是停留在受害者流血的畫面，最後還是不了了之……

家電爆炸的新聞也常常看到：中國製廉價家電尤其是小家電，如電視機、DVD、烤箱、微波爐、電暖器等，使用一陣子後，烤麵包機自燃、微波爐自爆、電視機和電暖器使用中卻把客廳給炸了……這些統統都不算是什麼新鮮事兒了，但到最後，不管新聞怎麼報，全是不了了之！更何況那些飲料內有沈澱物；泡麵裡有蟑螂屍體；冷凍雞塊裡有老鼠毛等不起眼的小案子，當然更不會在消費者心中形成多大的震憾。

一般而言，業務在處理這類的客訴問題時，除了身段要軟柔，降低消費者的心防外，另一個部分，就是要引誘消費者落入索討不到鉅額賠償金的「陷阱」。

不諱言，許多消費者投訴的案例，有不少比例，都是存著些許「敲一筆」的心態。基於公司立場來說，許多產品的製程，本來就會造成或多或少的瑕疵，只是這些瑕疵平常並沒有被放大檢視，而且在生產的過程中或許本來就無法避免。此時，若答應了其中少數消費者的求償，那麼接踵而來的，將會是更多的消費者來求償。

通常每家公司的產品多半會投保產品責任險，而求償金額多由保險金來支付，但是若支付的比例過高，除了隔年的保險金額大增以外，廠商的商譽必定也會有不好的影響。所以一般公司都會將消費者的求償手段做一個「冷處理」的動作，來盡量保護公司的信譽。

最簡單且直接的做法，通常都是直接讓消費者掉入一個「賠償敲詐」的陷阱！

通常，這種求償的案子要是經過司法程序，將會非常麻煩！因為公司的生產設備必定要重新檢查、檢視，而生產的流程更是要被迫公開，這些都是公司所不樂見的。所以，公司派出的代表多半都是將案件導向「庭外和解」的部分。

於是，和解的學問就大囉！若消費者只是要求基本賠償，比方說醫療費用實報實銷、賠償住院時的薪資費用，或是交換個兩箱試用品，這些手段廠商多半都很樂意接受！但是就像前述例子，一杯清潔劑咖啡求償八十萬元的案例，至少在台灣，這明顯就是鐵定敗訴的例子！

在這要給所有「以高額求償金額作為和解基礎」的消費者一個忠告，若這場的控訴從頭到尾就是為了錢，那麼，在和解的過程，就絕口不要提到任何的具體數字，比方說「具體求償八十萬元等」。因為有了高額且對價關係不合理的具體金額，通常只要數字一出來，多半都會再由庭外和解，再引導到消費者恐嚇取財這個方向！

業務在這個部分的工作，就是放低身段，「誘使」消費者提出一個「不太合理」的金額，將消費者由原來的「受害者」，漸漸變成一個「恐嚇加害者」。只要消費者從「受害者」轉型成了「恐嚇加害者」，那麼消費者與心目中理想賠償金的兌現日，絕對是遙遙無期！這也就是為什麼電視上一天到晚上演著「揭發黑心商品」的新聞，卻鮮少聽到消費者實際勝訴獲得賠償的原因！

業界裡比較有名的求償成功的案例，是十幾年前的一個冷凍食品的案子。某家做冷凍炸雞塊的食品廠，他們的雞塊在處理的過程中，有隻的小老鼠跑了進去，然後這隻小老鼠就「順便」被機器「料理」分屍了，接著跟一堆雞塊一起裹粉、油炸，然後跟其他的正常的雞塊包在一起分裝發售。

這袋包有老鼠屍體的雞塊最後被一位媽媽買到，然後下鍋油炸給家人當作晚餐。而在小孩一口咬下連毛髮都沒有處理掉的老鼠雞塊後，才爆發了這個恐佈的事件。

雖然說食品廠有老鼠跑進去也不算是什麼大新聞，但是把老鼠做成雞塊這部分就有新聞炒作的價值了！當下這位媽媽也是氣呼呼的聯絡了生產廠商，但她並沒有聯絡媒體和報警，而是自己將所有的證據保存並「送第三者公正單位檢測，沒有讓廠商帶回去做化驗」，而之後廠商很有誠意的要求和解賠償，並要這位媽媽自己開個理想的價碼。

但這位媽媽可能是氣炸了，從頭到尾只是一直生氣的抱怨這家廠商的品質不良，連老鼠都能做成雞塊，對消費者、社會和國家都非常不負責任，甚至「不願意和解」，同時要求廠商業者「必需善盡社會責任」，甚至要求法官「重新查驗」該食品廠是否具有「合格食品廠」的資格。

在司法程序進行時，這位媽媽要求對於該食品廠所有的進貨來源、食材、生產設備和包裝設備等都得逐一查驗。在這些諸多要求底下，就是「絕口不提賠償金額」。可以確定的是，這位媽媽真的從頭到尾沒有半點個人求償的心態，一開始單純是因為兒子吃到老鼠雞塊而氣炸了，決心要整頓這家食品廠。這家食品廠最後在司法程序的過程中不勝其擾，於是自己前後開了兩張三十萬元的支票親手奉上，這位媽媽才「稍稍」的平息了怒火。

這案子最後雖然沒有在媒體上造成軒然大波，但是卻是消費者求償的案例裡，少數贏得漂亮且成功的案例！當然，這個經驗，也是業務客訴處理「不當」的知名的案例！

以公司的立場而言，一位稱職的資深業務人員，在客訴的處理中，並不是一味的順應客戶的想法，讓客戶的要求照單全收，而是盡量降低公司有形及無形損失、降低客戶的心防，甚至誘導客戶到一個不利求償的情境。表面上安撫消費者，為消費者爭取權益，實際上是要為公司爭取到最大的利基，避免公司損失慘重，這才是資深業務人員的「客服王道」！

示弱裝很大，業績超獨霸

通常愈資深、職等愈高的業務，手上掌握的資源愈多，能給的單價權限也愈大。

在業務圈子裡常有個很不好的現象，業務主管手裡單價的權限無限大，但是給下屬的單價彈性幾乎等於零，而當客戶直接跳過菜鳥業務往上談時，主管自己放出來的單價，卻又低得讓人傻眼。

身為資深業務，理應是價格的操盤者，但絕大多數扮演的角色，卻都是市場價格的破壞者，而且職稱愈高的業務，價錢往往殺得愈低，破壞得愈嚴重，但是在面對基層下屬（菜鳥）業務時，卻又不給下屬任何的彈性權限，使得產品的實際成交價格（經理價）與報價價格（菜鳥價）愈差愈遠。此時，產品的生命周期當然就相對的縮短了許多。

事實上許多高階業務經理人在遇到老客戶時，往往很難不報個優惠一點的單價！尤其這個客戶或許還是自己在菜鳥時期就服過務的客戶，而且是經過對方的支持才能一路高昇到經理，所以豈能不給一點優待？但這個折扣給出來後，對方卻又好像食髓知味一樣，三不五時就直接來要優待或簽個專案超低價，使得單價就愈來愈down，無法控制。

最主要無法拒絕客戶down價的理由在於：名片上的職位掛得太高了！若是拒絕，就等於是跟對方撕破臉了！先前提到，掌握單價、維持產品的價格定位，是資深業務人員很重要的功課，而維產品價格的最好方法，在於「示弱」！

國內有個洗衣劑大廠，其業務的總負責人是創辦人的小兒子——負責所有通路的業務部門總掌控，他旗下部門有傳統通路商、傳統盤商及現代通路等。小老闆除了在制高點掌控所有大局外，也負責了現代通路的價格談判。

理論上老闆自己下來談價格是最好也不過的了，畢竟小老闆一定可以直接在談判桌上決定價格與條件，而採購人員最討厭，就是那些連一塊五毛的降幅也無法立刻決定的業務人員了！

一開始，這位小老闆很快就表明了自己小開的身份，而在他表明身份之後，果然在各大採購之間通行無阻，所有的採購人員見了他總是開門見山的就提大型促銷方案，然後希望小開支付大筆的促銷費用，再給個很甜的單價，讓消費者能夠便宜買好貨，讓通路能有好的銷售成績。

通常，配合通路商做一檔大型促銷的檔期費用，金額多半都高達數十萬之譜，而一般業務在洽談的時候，大多得回公司商議、再商議才能給予採購一個「不甚滿意」的答覆。但是今天在場的，是兼俱小開身份的業務，那麼採購希望現場速戰速決的現場決標，也是理所當然的了！

在這種狀況，採購都會採取速戰速決的談判方式：「我也不想浪費彼此的時間，若你都無法直接決定是不是要支付這筆大型的促銷費用，那麼我方就直接認定貴公司根本就沒有長久配合的誠意！」

在速戰速決的模式下，採購都會現場開出了一個大量出貨的訂單，可是單價卻都低到讓人難以決定，接著再露出一副軟硬兼施的態度：「要是現在不簽，後面還有好幾家要談哦！到時機會是不等人的！老闆要有老闆的樣子呀！」這時採購會一邊給小開戴高帽，一邊半脅迫的要求小開簽下「不平等條約」，軟硬兼施的要敲下一檔低價促銷同意書。

小開這下騎虎難下了，同意也不是，不同意也不是。最後，為了不讓訂單從手中溜走，讓採購口中的同業吃走這張單，他還是現場簽下了促銷費用同意書，為自己奪得了一張量大價低，甚至根本就賺不到錢的訂單。

小開簽下訂單後在回程的路上愈想愈不對，回到公司請會計部門計算了一下，發現這從頭到尾根本就是個虧本生意！而若要維持營收的正常利潤，勢必要從其他通路提高售價來平衡這次的虧損！於是他馬上召開業務會議，通知其他部門的產品線：「所有的售價都要提高20％，以平衡這次配合自己通路促銷所帶來的虧損！」

其他通路對於小開的指示都非常配合，向客戶表明立場後調漲出貨售價，但在小開的促銷特賣活動開始時，該公司的出貨卻突然出現了兩極化的現象！

小開負責的通路出貨呈現大量、倍數的成長，而其他通路的出貨卻停滯不前，甚至完全沒有出貨的跡象。但是，其他的通路商雖然沒有向該公司進貨，但貨架及倉庫的貨源卻異常的充足！原來，因為單一通路的超低價促銷，加上出貨廠商的單價調漲，使得原本的通路商開始考慮進貨的來源是否還要跟原本的供貨商配合！而在成本考量之下，部分通路紛紛向超低價促銷的特定通路進貨，造成原本賠錢的通路更呈現倍數的成長，賺錢的通路卻沒有半點出貨，最後虧損當然也更加嚴重。

相對的，某食品大廠一樣掌管連鎖通路的業務總監，就相當低調。她的名片上沒有頭銜，外表永遠就是綁個馬尾，穿著牛仔褲，嘴角永遠掛著沒有威脅的微笑。

和她談業務，從來只有客戶說話的份，自己總是靜靜的傾聽。所有的客戶只知道業務上的疑難雜症除了她以外，幾乎沒有其他的聯絡管道，但問她擔任什麼職位時，她總是客客氣氣的說，我只是個業務行政小姐，只管打雜的。

當客戶對單價或折扣有其要求時，她都和氣的回覆客戶：「一定向老闆盡力爭取！」但過沒多久就會唉聲嘆氣的回覆客戶，她只是個什麼權限都沒有小可憐，向老闆爭取了半天，還被轟出來，希望客戶能體諒。事實上，所有的單價與算盤都在她心裡頭，若是客戶提出的要求她認為還是有利可圖，就會拖延一段時間才告訴客戶，總算為他們爭取到了！若客戶提出的要求令她覺得沒有行情，她則「一拖天下無難事」，讓客戶永遠等不到答案，以「拖」字訣，令其知難而退。

在客戶及同業的面前，她永遠都是低調、再低調，低調到完全沒有殺傷力，讓客戶感覺她真的就是一般的打雜小妹。在對她沒有防備心的狀態下，大家都樂於跟她分享工作上的種種一切，而她就像一塊海綿靜靜的吸收所有資訊跟消息，表現得一副完全沒有與大家競爭的模樣，甚至三不五時裝可憐，希望大家留點空間給她，好讓她與老闆交差。

有些業務上的敏感問題，她總是採取「船到橋頭自然直」的做法，應付不過去的，就慢慢拖著。於是採購也覺得，她既然是個沒有權利的人，對上層的一切也就毫無所知了，所以也漸漸對她失去耐性及興趣，一旦遇到需要砍價的情況時，都會直接去廝殺她的競爭對手的單價。此舉，便讓她的產品價格得以穩定。

由於她所負責的品牌還頗具知名度與吸引力，加上本身柔性的特質，到賣場見人就大哥、大姐的叫，偶爾帶些「伴手」，請個飲料，跟賣場人員打成一片。遇到要「奪取」對手的訂單時，也會先禮貌性的打個招呼，先道個歉，告知對方「上層」跟採購自己談好了，可能會瓜分對方三成左右的訂單，希望對方別介意，而這都是「上層」的錯，跟自己沒有關係……

這位掌握通路一切的總監，選擇低調的隱藏自己的身份，甚至表現得軟弱無知，讓同業及採購窗口完全失去防備心，人前永遠楚楚可憐，甚至跟競爭同業及採購窗口都是同一陣線，自己的所做所為全都是上層的威逼，完全是逼不得已，希望大家見諒！在這樣的情況之下，無論是採購、同業競爭對手，甚至賣場營業人員，誰也沒將她當作競爭者看待。如此反而讓她業務推廣無往不利，因為不會有人會想去為難一個月領兩萬五，楚楚可憐的行政小姐！

至於在產品市占率的這個部分，她也巧妙的避居二線；在品牌的規劃上，選擇不當市場上的老大，甚至不當老二，選擇一個能夠維持單價，卻又能擁有足夠市占率的老三。她旗下的產品單價及品項，雖然都不是業界的 Top，但卻也避開了老大、老二的價格與市占率競爭，而在利潤與數量上取得了一個完美的平衡。

! 老鳥的忠告

業務攻城掠地時的侵略心，往往遇強則強，遇弱則弱。所以絕大多數業務，在面對一個軟弱的對手時，也會因為看不起對方而手下留情。而這個手下留情，通常都是讓對方有機會、不知不覺的蠶食掉自己原本市場的最佳機會。

總之，在業務的擴展上，資深業務並不一定要表現得很強勢。最佳的狀態是，在內要能強勢的掌控公司對自己的信任；對外必需適時的示弱。除了堅守價格策略之外，明白的告訴對方自己「沒有權力」去follow任何不合理或根本就不想應允的要求，用軟釘子來讓採購人員知難而退，而不致於在雙方爭執時扯破臉。

作戰篇

【信用最大‧歹念別來】

懂得求新求變，才能在市場上處於不敗的地位；只知固守固定產品及貨源的老業務，最後反而走向衰敗。

第五章 交情再好，還是要做信用審核

對於業務來說，把生意做大很重要，但是把生意做大之後，錢要收得回來更重要！

資深業務與菜鳥業務最大的差別，在於對於客戶信用審核會更加小心，錢收得回來的生意才是生意，而不是隨意的衝高業績，什麼單都接，而完全不顧後果。過去曾有專門詐騙業務單位的騙子集團，專門以國際外銷訂單來誘騙業務人員將貨物出口到國外，之後收不到貨款的案例。國內曾有一家專業生產特殊變色顏料的廠商，其業務副總就曾經遭遇過這一段。

某日，該副總接到一封國際傳真，對方一開始就表明對該公司產品非常有興趣，希望先訂個小量樣品做測試。在收到樣品費也寄出樣品後約兩週，客戶突然下了一張前所未見的大單！客戶窗口傳來美侖美奐的網頁資料，寫著他們也是頗具規模的國際公司，而在測試樣品後覺得成效很好，將要大量採購，但採購條件是，貨到匯款！

一般而言，國際出口生意確實有貨到付款的事實，但是多半存在於交易很久的客戶關係！但對方表明，因為公司採購的規定都是規定貨到付款，從來也沒有供應廠商有過意見，若不同意這個條件，就無法完成訂單，而無法達成這筆交易是雙方都不樂見的事。

由於是首次交易，又是史無前例的天價訂單，該副總不敢任意出貨，尤其是連對方長什麼樣子都不知道，地點又在哈爾濱！基於不想損失生意的這個前提下，該業務副總決定親自跑一趟哈爾濱，試探客戶的虛實。

對方很歡迎他親自拜訪，一下飛機，客戶就熱情招呼他快速參觀辦公室、倉庫，代工廠等工作單位——看起來是頗具規模的公司。之後，回到酒店，又將其帶往餐廳，點了一桌豐盛的菜色招待，還叫了很多「女侍」來陪吃飯，把場面搞得非常熱鬧，讓他備感尊榮。隔天一早，客戶安排了賓士車與司機前往接送，來個市區觀光巡禮。當然，一路上也是吃吃喝喝的相當豐盛、氣派，看起來就是一家頗為豪氣的公司。最後，當副總結束拜訪要退房時，才發現，這幾天的所有費用十幾二十萬元，統統掛在他酒店的帳上了！

為了拉攏客戶，他也不好跟客戶說些什麼，只得先把酒店的帳結掉，待他歸國後，客戶那頭又來了緊急催單的傳真與電話，希望他能盡速出貨。雖然那趟哈爾濱之行讓他覺得客戶「看起來」算是有規模的，但是在酒店多結了幾十萬帳，心裡頭很不是滋味！於是他告訴對方，首次交貨，至少也得預付個三成貨款，不然無法跟公司交代。當然，對方得知非得要先預付貨款再出貨後，就再也沒出現了……

很明顯的，這位業務副總遇到了所謂的國際詐騙份子，這種商業詐騙存在每個業界，好在案例中的業務副總只是被騙個幾十萬元食宿費用。事實上，國內許多廠商因為這種商業詐騙案子損失數百萬，甚至幾千萬的案例並不在少數！其中最大的問題在於，許多業務人員事前並沒有做好客戶信用審核，自以為天價訂單是「天上掉下來的禮物」，殊不知業務的重點不在於賣出多少東西，而在賣出多少東西後，能否收到錢！

早期在信用尚未膨脹之前，許多生意都是需要用現金買賣的，銀貨兩訖之後自然不會有任何的爭議。就算到現在，許多上游原料的生產廠商，在客戶風險的控管上，仍然是以「現金交易」為前提；非現金交易的客戶，多半會希望提供擔保品做為設定——將擔保品送交專業估價中心鑑價，配合付款期限，來計算擔保金額，以控制出貨風險。

許多比較中小型的貿易商，多半是以公司的「信用」來做為出貨評估依據。尤其是一些配合長久的合作夥伴，甚至沒有所謂擔保品的問題，加上現在信用膨脹日益嚴重，票期愈開愈長，三個月的票期已是一般交易條件。相對的，貨款的風險也增加了三倍，若一個月平均一百萬的交易金額，一旦客戶倒閉，則倒帳的風險將增至三百萬！故無擔保信用交易盛行的今日，客戶信用的評估，也是資深業務人員非常重要的工作重點！

過去，我曾經接觸過一個真實的案例，這個案例的發生在於，某家公司執意要拿下我方所銷售的產品之「超商總代理權」。事實上，絕大多數的品牌製造商在大型百貨通路的銷售上都已經自己掌握鋪貨細節了，但是這家突然殺出的貿易商，背景非同小可——據說這家公司的股東之一，就是某公家通路採購單位裡「某人」的兒子，「某人」個與我方公司交情深厚。

雖然聽起來是熟人介紹的（就是母子關係嘛），但是對方要求的配合條件非常的苛薄，加上又是首度配合，就算希望與該公家單位的採購維持良好關係，但基於生意原則，也不能把所有的利潤都給賠了進去，支持對方讓他們做沒本的生意！雖然這客戶是上級直接指派下來的，但上級還是希望我在信用授信的部分，多下點心。果真，在後來的交手過程中，發生了許多令人噴笑的笑料，但不失為客戶信用審核的一個好案例！

天上只會掉下鳥屎，不會掉下客戶！

某日，公司的高層PASS給我一個客戶，要我好好的「照顧」。從高層的口中隱約可以知道，這家客戶希望憑藉著自己父母在某公家單位擔任採購的背景，想藉此能做點抽佣的生意，希望我方能支持他去做某個現代通路，而開出來的條件是，「必需支付他們『固定』的抽成，而且我方還得支付所有的通路費用！」

聽到這個客戶的背景，我當下不禁皺起眉頭來。這已經是擺明了要憑著自己家長輩跟我方長期合作的採購關係，來做無本生意。公司方面態度非常保守，畢竟不希望損傷到與公家單位長期建立的採購關係，但又能保障到公司本身的權益，所以希望我能實地拜訪一下，打聽那家公司的實力跟底細，而不是只憑藉著與某公家單位採購人員的「關說」與「交代」，就放任出貨不做任何控管。

眼見不一定為憑

某日，我拿著公司交給我的名片，跟對方約了時間地點，親自從台北開車到台南拜訪探探虛實。原本打算依著名片上的地址直接過去拜訪，但我在即將到達定點時，禮貌性的打了電話告知「就快到了」，沒想到對方接到電話後，馬上告訴我，他們辦公室的地點不對，對路不熟的人來說很不好找，請我把車暫時停在路邊，他們會派人過來接我。

當時我心想，對方也滿體恤我這個台北人，在台南人生地不熟的，還派人出來接我，實在「揪甘心」。沒多久，就看到一台跑車停在我車前面，打了聲招呼後，帶著我往目的地停好車，然後走向一棟氣派的大樓。

看著眼前的氣派大樓，我開始覺得這家客戶的財務基礎應該真的不錯！畢竟大家都謠傳，公家單位的採購最好撈了，而父母想栽培小孩出來做生意，也是人之常情！看著這棟氣派的大樓，我些許放了心。加上引導我的那位先生相當斯文有禮的先帶我到大樓一樓的咖啡廳坐著，還替我點了杯香濃的卡布奇諾，頓時，心情整個都好了起來！

我很有禮貌的向這位先生遞出名片，但這位先生收了我名片之後，並沒有跟我有交換名片的動作，只是一直對我傻笑點頭，然後不停的看錶。半個小時過去了，我咖啡喝完了，但他好像完全沒有帶我進辦公室的意思。看著我已經空掉的咖啡杯，他突然問：「妳還要不要吃點什麼？」

「不用了啦！」我客氣的說：「我今天是來談合作細節的，不然我們先上去辦公室好了！貴公司副總應該也等我們很久了吧！」我一副就是希望快點進入正題的態度，讓這位請我喝咖啡的先生面有難色，接著突然離開坐位，跑到外頭去打電話。

就這樣，我被丟在咖啡廳裡，百般無聊地，便翻起了咖啡廳的MENU，而這一翻卻嚇了一跳，因為這家咖啡廳的地址，跟我之前拿到的名片上的地址並不相同！當下我疑心四起，沒多久一位「傳說中的副總」，就急急忙忙的來到我座位前，一屁股坐下來。

「真不好意思，我實在是太忙了，所以遲到了……」副總說。

「沒關係啦！對了，你們辦公室在樓上嗎？還是我們現在進去？」我打算立刻進入正題。

「我們先在這談好了！樓上的辦公室剛搬進來，亂亂的不方便見客……」對方眼神有點閃爍，似乎想逃避些什麼。

「不用那麼客氣啦！我們辦公室也亂亂的，有地方談就好了！」

「還是不了，我們就在這邊談啦……對了，真的不好意思，我遲到那麼久，沒辦法，這幾天太忙了，都很晚睡，晚上都是應酬！」副總說。

「看來副總你們生意做很大呢！像我這種小業務，都沒有機會忙著應酬呀！」我笑著說：「為了不打擾您太久，我就打開天窗說亮話好了！事實上我今天是來做授信評估的，原則上就是拜訪一下你們辦公室，看看你們上班的情況，打聽一下你們的合伴夥伴，還有最近公司的營運狀況等等……」

對方聽我這麼說，突然眼睛一亮：「我們家公司的財務你就放心吧！喏，你有沒有看到對面那部賓士！」副總舉起了手指頭，指著對街一台停在紅線上頭的黑色賓士車說：「事實上，跟我們配合你一定可以放心，因為我們都是做大生意的！跟我們談生意的都是有頭有臉的人，在台中以南的地區，連媽祖廟的顏董想跟我們做生意，都得拿著現金等著要跟我們配合，而我都叫他乖乖排隊不要吵……所以這部分你絕對可以放心！」

我的眼光順著副總大人的手指，看著對街的賓士車。那賓士車黑黑亮亮的，卻散發一股詭異的氣質，看了許久說不出哪裡怪，雖然是台賓士，但整車的鐵皮跟裝飾，好像都被換了似的，改得有點四不像。

「您這賓士，改得還真有品味呀！」我實在不知道怎麼恭維這台被改得很像「硬皮鯊」的車，但還是希望能夠快點進入正題，「副總，既然您財力這麼雄厚，我們乾脆今天把合約簽一簽吧，那就老規矩，你先弄個三百萬定存單出來設定，然後月結六十天的票期，您覺得怎麼樣？」

「啊？」副總似乎沒聽懂我的話，他說：「這麼重要的事，我們晚點再談好了！對了，晚上我要跟顏董去金錢豹談生意，妳就一起來見識一下我們的實力好了！」

聽了他這麼說，我有點傻眼！雖然我裝扮頗為中性，但是明眼人一看就知道我是個女的，但這位副總居然說「晚上要帶我去金錢豹展現他的實力？」當下，我只能尷尬的笑著回應，「不用了啦，我們去您辦公室談一談、簽一簽就好了！我們這行利潤很微薄，一個月賺的錢都禁不起喝兩攤的啦！還是去您辦公室簽一簽就好了。」

「辦公室？就跟妳說我們辦公室正在搬家整修還沒弄好呀！我覺得還是金錢豹啦！我看妳對我們很沒信心，不然這樣好了，晚上十點金錢豹見啦！我一定向妳展現我們的實力！」

聽這位副總左一句金錢豹、右一句金錢豹的，我看了看錶，現在也不過下午一點半，就算晚上真的要去金錢豹看他展現實力，也要等上九小時！當下我開始有點不耐煩的說：「我今天是來拜訪貴公司辦公室的，金錢豹您留著跟顏董去就好了！您辦公室在幾樓呀，這棟那麼豪華，只要隨便讓我看一眼你們工作的情況，就是你們實力最好的展現了，整修中沒關係呀！搞不好等等我就被你們裡面的百萬建材嚇死咧！」

「就跟你說不方便了咩！」對方也開始有點不耐煩的說道。

「不然我們在這裡簽好了！反正條件是公司給的，所有配合廠商都一樣，押三百萬設定，月結六十日，您覺得如何？」我拿出白紙黑筆，準備擬個草約。

副總這時見我認真的開始擬草約後，突然搶下我的紙筆，語重心長的說了我這輩子聽過最不可思議的業務社交語言……

「小姐，我那麼有誠意的邀請妳晚上到金錢豹看我們的實力，妳好像挺不屑的！妳要知道這是我們的誠意！再說妳可能不是很熟我們中南部的圈子，妳看到我那台車沒有？」副總大人又伸出他的手指，指著對街那台被改得很憂鬱的賓士車：「妳知道嗎，我們這家公司雖然是新成立的公司，不過我跟另一位一起操盤的副總，我開黑賓士、他開白賓士。整個中部以南的兄弟，都尊稱我們叫『黑白雙煞』，我們『黑白雙煞』在中南部是無人不知無人不曉，就算是媽祖廟的顏董要來跟我們談生意，也要照我們的規矩，妳懂嗎？」

這位副總的自我介紹，大概是我聽過最勁爆的版本了！

「黑白雙煞」聽起來好有布袋戲的ＦＵ，這稱號一聽就知道一定是地區上的能人異士！我絕對相信他們有實力把整個中南部的市場給包起來，但是，我真的不想去金錢豹簽合約，尤其是跟顏董一干人等。

「黑煞副總，草約其實很簡單的，真的不用請我去金錢豹！如果不方便去您辦公室簽約的話，在這裡直接簽就可以了！我絕對相信您很有實力，光是聽到你們的『稱號』就完全明白了，我現在也已經完全被你的實力震懾住，所以我們直接簽約吧！就票期設定和金額而已，很容易的！」我拿出筆紙誠懇的說。

這時，黑煞副總突然生氣了，「就告訴妳了，就算媽祖廟顏董要跟我們合作，也是要照我們的規矩！我就說了，簽約這種慎重的事，我們晚上金錢豹見嘛……」

看著黑煞副總一心一意的想去金錢豹，我摸了摸口袋，算一算自己微薄的薪水，再說一個月最多幾十或一百萬的生意，利潤又低，賺的錢想在金錢豹開瓶酒都困難！這金錢豹我是絕對不能跟他去的。公司沒見到就算了……大不了告訴老闆，因為我不陪他去金錢豹，但對方就不肯配合，而有個「他不肯配合」的正當理由，或許就中了老闆的下懷。當下，我禮貌性的跟黑煞副總道別，一個人又趕回了台北，心裡頭盤算著怎麼跟他收尾！

疑點探討

案例進行到這裡，我們可以發現幾個疑點：

第一，這家公司的人神出鬼沒，沒有固定的辦公地點。名片上印的地址可能是個虛設，所以堅持不帶人到辦公室談合約，只願意在咖啡廳裡談。

第二，一聽到談正式合約時就言詞閃爍，連最基本的付款條件都不敢應允。雖然言語中意有所指，刻意拉攏一些無可查證的知名人士當背景，還充份表現出自己開名車、住豪宅，夜夜昇歌的表象，意圖混淆視聽。

第三，連基本、初步協議都尚未達成，就非得拉著承辦人員到昂貴的消費場所消費，意圖非常明顯——有白吃白喝的傾向。

第四：自己創造出令人匪疑所思的別稱。

儘管黑白雙煞的父母是與公司交手了幾十年、不敢得罪的老客戶，但也不能因此對其信用評估掉以輕心；尤其就是因為其父母是公司不敢得罪的老客戶，才要更小心、審慎的評估，以免掉入無法彌補的陷阱。

仗勢就能欺人？

儘管我對於這家客戶的信用評估給了很低的分數，但公司礙於其父母長輩的淫威之下，還是希望我能夠在可控制的風險內，與其配合。於是，我與黑白雙煞的火花正式爆開！

一開始我要求，業界行規，公司頭筆出貨一定要結現金，而對方最後也同意了！

在出貨的過程中一定會有一些電話、傳真和 e-mail 的往來，但令人驚訝的是，黑白雙煞雖然貴為副總，所有大小聯絡事宜都是他們親力親為。我也發現，不管什麼時候打電話到他們公司，電話最後一定是黑煞副總自己接！而接電話的地點很明顯的不是在安靜的場所內——四周通常充斥著喇叭聲。所以幾乎可以確定的是，他們自己就是行動辦公室，所有的電話，一律轉接手機！

當然，在所有電話都轉接手機的情況之下，幾乎可以確定對方沒有傳真機！果不其然，在我傳真數十次對方名片上的傳真電話失敗後，黑煞副總給我一個PCHOME的免費e-mail帳號，他說：「不然，重要的文件，妳就寄mail給我好了！」

有趣的是，對方的免費mail好像漏信漏得很嚴重似的，一直到連最後的出貨明細都出不來的情況之下，對方總算願意給我一個傳真電話，保證收得到的傳真電話，黑煞副總說：「我現在就在7-11等你的資料，妳快傳過來吧！」

很難想像我的客戶居然在7-11等傳真，但這卻是千真萬確的事實！在經歷過兩三張訂單的「折磨」之後，我終於忍不住告訴黑煞副總說：「你們家公司整修快三個月了，也該整修好了吧！」——是的，或許客戶真的是在整修辦公室！但是基於一個資深、專業的業務，必需得時時刻刻掌握著客戶行動的時程表。

就在我小心翼翼的與其配合了三個月之後，我打算再對黑白雙煞進行更深入一點的拜訪。就算當作支持年輕人出來創業，草創時期雖然很辛苦，但是業務也要更加的小心！

在面臨到交貨兩三個月後，還交不出正式客戶詳細資料的壓力時，黑煞副總算很開心的告訴我：「我們辦公室終於整修好了，妳可以過來看了！」這簡直是天大的好消息，有個固定的辦公室之後，看起來至少有比較像是在做生意的樣子！

「那麼，還是上次那個地址嗎？」我在電話裡問。

「不是哦！我們正式的辦公室在台中！」黑煞說。

果然，台南是個幌子！不過這次黑煞終於給了明確的地址，而且確定可以到府拜訪。但這次我還是很擔心，會不會又被帶到咖啡廳去，所以從頭到尾都很神秘的自己找到了辦公室的位置，打算送給黑白雙煞一個驚喜！

在約定的時間內，我自行開車到了黑煞副總口中的台中辦公室，地點一樣是在一棟相當豪華的大樓裡。我依著門牌號碼找到了他們公司的入口，映入眼廉的，是一間寬敞明亮的無隔間辦公室。按了按門鈴，沒有人來應答，便輕推一下門，果然門沒鎖，我就直接進去了！

進了辦公室大門，首先看到的是一大片展示架，架上擺滿了各式各樣的商品。第一個櫃子擺滿了生機飲食、保健食品、零食餅乾和泡麵等食品類；第二個櫃子居然擺放了銑刀、鑽頭、刀片、螺絲釘等跟食品類完全不相關的工業品；第三個櫃子擺放的竟然是滴劑、針筒、跟一堆莫名其妙的桶裝藥水。最後，我看到一堆成衣零亂的堆在第四個櫃子上……

我從頭到尾 view 了一下這些東西，發現產品跟產品之間完全沒有關連性，再看一下辦公室，大廳連燈都沒有開。整個大廳的規劃就是一堆辦公桌椅的排排坐，桌上都很乾淨整齊，但看起來就是沒有在辦公的感覺。而在辦公大廳的前、中、後方，分別有幾個會議室，正當我不知道該往哪個會議室走進去時，我手機響了起來……

「不好意思，副總，我到你們辦公室了，只是……我好像沒有看到你們公司的人。」

就在我說出這句話時，其中一個會議室的大門突然「碰」的一聲打開了，裡頭出現了一個也是拿著手機，看起來頗為帥氣的人朝我直撲而來。

「歡迎歡迎，我們辦公室就在這裡！請進！我是公司的林副總！」對方熱情有禮的說。

我禮貌性的打了招呼、遞了名片之後，隨著這位林副總進入了會議室。會議室非常寬敞，除了一個很大的辦公桌外，還放兩個小桌子，還有很舒服的沙發。林副總很熱情的對我說：「聽說貴公司對我們公司沒把握，所以我一定要邀請你們過來看一下。喏，你們看這辦公室多麼的高級寬敞，地點又好！雖然我們是新公司，但是絕對不是隨隨便便的公司！我們出來做生意是講信用的，你知道嗎？在這個業界，我跟另一位副總，一位開黑賓士，一位開白賓士，我們兩個做生意都以阿殺力聞名，同業都叫我們……」

「黑白雙煞是吧！」沒等他說完，我馬上替他把話接下去：「您應該就是傳說中的白煞副總吧！」我一邊笑著應付副總，一邊打量著這個辦公室的環境。

疑點探討

案例進行到這裡，又可以發現幾個疑點：

第一，一個偌大的辦公室，就只林有副總一個人上班，零分！

第二，雖然展示著許多產品，但是每種產品的屬性都不盡相同，一看就知道跨業界跨得太誇張，零分！

第三，很明顯的，林副總在辦公室還是用手機在跟我通電話，辦公室裡連個電話機都看不到，零分！

第四，都西元兩千多年了還自以為演武俠劇，弄出很噴飯的「黑白雙煞」名號出來，零分中的零分！

第五，原則上，從辦公室的擺設很明顯的可以看出來，這是一個所謂的「合租辦公室」。由於現在辦公大樓的出租生意也很不景氣，許多人租了個位子，一個辦公室六千塊就能進駐，什麼東西都有現成的。此外，為何展示架上會有那麼多不同產業的商品同時展示？其實多半都是合租公司一起擺放的。這種辦公室最大的好處就是方便！一台NB就能進駐，一個月只要少少的幾千塊，就算租來吹冷氣都值得！

白煞林副總叭啦叭啦的對我陳述著他們公司多有前途，就要如何大展鴻圖的同時，我冷不防還是問了一句：「不好意思，因為敝公司就是比較保守，所以還是需要一些資產抵押！」

白煞林副總一聽到資產抵押，立刻扳起臉來：「妳應該知道我們公司的背景吧！我們不是隨隨便便的公司，我們是有人介紹的！不說什麼，光是我媽媽跟貴公司的配合，就是十幾二十年！」

「是的，我非常的了解，您母親擔任某公家單位的採購，與我方配合了很長的一段時間，我們也很感謝她的配合！」我恭恭敬敬的回答。

「既然這樣，妳還不相信我們？」白煞副總提高了語氣。

「不是這樣的，而是資產抵押本來就是公司配合的慣例，再者您母親任職的單位比較特殊，所以不需要經過資產抵押的程序……」我不厭其煩的解釋著。

話說，這年頭真的有不少不肖的政府官員憑著自己職位之便，對著廠商予取予求，還讓自己子弟出來做點小生意，希望廠商能支持。這已經算是「最不野蠻」的野蠻行為了，只是大家要了解到一點，就算是親兄弟也是要明算帳！再者，白煞的母親不過就是擔任公職採購一職，跟白煞林副總自己投資的公司，一點關連性也沒有，所以個人非常難接受那種「只憑我方與其母親的配合默契，就讓他們免去資產抵押的關卡」。

我的態度非常堅決且堅定，加上向其表明，本人只是小小的業務人員，不像黑白雙煞二人是高高在上的副總，我完全沒有決定權，只能依公司規定辦理，望其見諒。況且公司幾十年來的配合條件，都需要資產設定，這部分也不是我能決定的。

就這樣，雙方僵持不下，似乎為了資產設定的問題，就要談不下去了。這時，白煞副總若有其事的正經了起來，語重心長的跟我說。

「我告訴妳，你們這種業務哦，我看太多了啦……」白煞一本正經的說，「妳想呀，我媽媽是某公家單位的採購耶！我從小就看著那些業務，天天到我家擦地洗碗，早期那些人作風很硬，像那些老牌的汽水廠、牙膏廠，還不是乖乖的派業務到我家擦地、洗碗還要包禮。你們業務能搞出來的招式跟需求，我又怎麼會不了解呢？所以妳放心，業績我一定會做給妳，讓妳業績滿滿的回公司交代，至於設定的話，就讓我們『高層對高層』談，我倆就先不要提。」

白煞濤濤不絕的述說他從小到大的業務「實際經驗」，尤其講到很多業務都要去他家擦地、洗碗的那一段，他的眼睛就亮了起來，一副欲罷不能的模樣，完全陶醉在「高階副總指導菜鳥小業務該如何跑通路」的英姿中。

「反正我告訴妳呀，那些在市場上頗有名號的廠商，業務就是太過自以為是，所以我就是不跟他們進貨！我看妳配合度不錯，也很替公司盡力，所以一定會多進妳的貨，專門推銷妳們家的東西到通路上，所以請妳們放一百二十個心……」

「副總！很感謝你照顧我生意，可是今天我是來跟你們蓋個草約的，草約內容也很簡單，就是講個簡單的付款條件，然後請你們應允一個可提供設定的初步金額及標的，好讓我們去估價，而可不可以先討論這部分……」我又將我的主題搬了出來。

白煞才剛講完一堆通路的業務從小就給他當馬騎的往事沒多久，我就又給他拉回資產抵押這個議題時，他馬上向我投射一個非常鄙夷的目光：「我告訴妳哦，我媽媽呀，在公家單位當採購！你們這種業務我見多了！就連資深的主管最後還是到我家乖乖的擦地、洗碗，妳這麼資淺怎能跟我談資產設定呢？還有，黑煞他爸也是個鼎鼎大名的人物，是某立法委員的貼身助理哦！和我們背景這麼雄厚人做生意，不用擔心！妳就全權交給我們做，我們做的都是一擲千金的生意，妳要的業績我會交給妳，而妳剛講的那些，我看是要叫我媽媽或黑煞的老爸親自跟你們老闆談，妳覺得如何？」

看起來白煞副總仍舊沈醉在過去，甚至明示、暗示著若是我不乖，就要請他媽媽召見我去他家洗碗、擦地，而重覆一直說明的，都是黑白雙煞雙方家長，均是在業界「喊水會結凍」的人物，根本就不需要資產抵押。看著時間一點一滴的流逝，我開始覺得沒什麼好談的了。畢竟這家公司真是太怪異了，有對「黑白雙煞」就算了，談到正經事，其中一個沒有去金錢豹不談，另一個是不去他家拖地、洗碗不談……望著這樣一對活寶，也只能「更審慎」的評估，希望在不傷及大家和氣的情況之下，把事情圓滿的結束。

疑點探討

案例進行到這裡，又可以發現幾個疑點：

第一，這家公司幾乎可以確定沒有固定的辦公地點，行蹤神出鬼沒。一家有實力代理多種跨業界產品的公司，平常不會只有副總一個人在上班。

第二，副總的父母們似乎很有實力，但一聽到要拿資產設定，就虛應、推托。

第三，如此有實力的後台，最後對於業務的要求，也不過就是請業務到他們家去擦地、洗碗之類的。

結論是，就算親眼見到了漂亮的辦公室；對方如何吹噓自己的背景與實力有多堅強，這些都只是虛幻的雪花。真正的重點在於，錢拿不拿得出來！就像許多拿著名牌包包的人，裡頭卻沒有錢可吃飯的道理一樣；而漂亮的辦公大樓，許多都是可以短期租賃的，除非拿得出產權證明，否則根本就不足以列入信用評估的選項裡。

收拾殘局的藝術

公司基於與白煞母親配合十多年的情份上，還是決定支持黑白雙煞出第一批貨，但之後的條件再議。對一家公司來說，此舉無異是自找麻煩，在還沒有確立任何的交易條件之下，竟莫名其妙的出貨！會造成這種情況多半都是高層下手介入，但是最後的殘局往往都需要下層自己含淚收拾。至於，如何收拾得漂亮，又要顧及高層的臉面，就是一門很深的學問。

一般業務要前往收款之前，為了禮貌及收款方便，都會先致電告知，而在公司知會要趕緊收款的情況之下，我馬上致電給黑煞副總。

電話一接通，我馬上表明來意要收出貨的支票，沒想到黑煞副總告訴我：

「不好意思哦，我們公司的支票開完了，目前沒辦法開票給妳哦！」

「是嗎？支票開完了再跟銀行申請一本應該就可以了吧！」

「是沒錯，可是申請支票沒那麼快哦！我們家開票有問題，沒那麼快申請得下來哦！」果然，黑煞副總在貨一出了以後，嘴臉馬上強硬了起來。

「那……能不能用現金呀！還是開張國內不可撤銷信用狀來？」

黑煞生氣的說：「喂！我開票都有問題了，妳說有沒有可能拿現金跟妳買貨？」

「那這樣的話，我們以後可能暫時無法再出貨給你們哦！畢竟你們沒有擔保，然後你又說開票有問題……」我無奈的告知即將給他們斷貨的訊息。

「我們不是講好了嗎？」黑煞副總一聽到要斷貨，氣急敗壞的跳了起來！

「沒有呀，我沒跟你講好呀！我從頭到尾都告訴你，你的出貨要順利的話，一定要資產抵押，公司這次首批放貨給你們，是因為你們答應後補資產抵押的，而且保證出貨後開票！」

「好吧，那到底你們什麼時候可以再出貨？」黑煞不耐的問。

「等你錢來就能出呀！」我也開始不耐了。

只見黑煞最後非常生氣的在電話的另一頭吼著：「小姐，我不就跟妳講了，我們家開票有問題，而且沒有現金跟信用狀，妳貨先給我，我賣了收到錢，才有辦法付給你們！」

「……」最後，我只能無言的掛上電話。

遇到這種流氓客戶，只能說「客戶信用的評估，一定要小心慎審」！不知道是該誇獎黑白雙煞誠實還是怎麼的，身為一個資深業務人員，第一次聽到有人做生意，這麼明明白白的告訴對方「我們公司就是沒錢，所以開票有問題，而你貨什麼時候要到！」

雖然說誠實是好事，可是也不能因為對方的坦白，就給予更高的出貨數量！畢竟在得知客戶的財務出現狀況後，立刻斷貨並設法回收貨款，是業務最重要的工作任務。

通完電話，得知對方主動告知「根本開不出票」之後，我立刻趕往黑白雙煞台中辦公室，但到現場才發現，對方辦公室已經退租了！雖然說不期待要跟他們做長久生意，但短短兩個月就退掉辦公室的舉動也太誇張了，而且是在毫無告知的情況之下退掉辦公室的！當下，我立刻又播了電話給自稱長駐在台中辦公室的白煞副總，想問清楚為什麼辦公室退租了卻沒跟我們說一聲！沒想到，這時白煞副總告訴我一個令人不可思議的消息。

「台中那邊風水不好，所以我們不租了！我們現在自己買了一塊地，準備要蓋自己的倉儲廠房與辦公大樓！」

事實上，這正是這多數詐騙集團慣用的技倆！許多人在損失金錢後，往往會不甘心損失的部分，又繼續與詐騙集團耗下去，甚至投入更多的金錢，希望有機會能扯平，但這通常是最不智的做法！一般來說，在出了一批貨之後，對方付款的意願及行動若始終很薄弱，就得直接開門見山、直搗黃龍了——直接向客戶要錢、取貨款。

每個人最後都會有個「離不開的老巢」，只要找到老巢，討錢的時候至少可以知道要去哪裡守株待兔！

這個案例很明顯的是，黑白雙煞的老巢，分別是雙方的父母老家，只要搞定了他們的父母，應該就等同於搞定了他們！於是我打了個電話給黑煞副總，透露出公司願意繼續出貨給他們了，但是希望看一看他們位於台南的倉儲地點（事前得知黑煞就住台南），以方便把黑煞的老巢給套了出來。

一早，我與黑煞副總約在台南會面，準備前往評估他們家的物流倉儲。在我下交流道沒多久之後，就看到那台改得令人印象深刻的賓士車，然後跟著黑煞的車尾燈而去。一路上，黑煞充份的表現出他賓士車的優越性能，連續闖了九個紅燈後，把我遠遠甩在後頭。雖聽說，苗栗以南的紅綠燈都是僅供參考，但是帶路用這種方式也夠令人驚奇了！

最後，終於到了黑煞副總傳說中的大倉庫。

當他帶領我到一個看起來很大的倉庫的時候，我還挺欣慰的！畢竟我一直覺得他根本就沒有辦公室！從一開始配合起，見面都在咖啡店；租了辦公室之後兩個月就收掉了；傳 mail 永遠收不到；辦公室沒有傳真，以及打電話永遠都轉接到他手機……所以，當我看到一個差不多有一千坪大的倉庫在眼前時，內心的激動實在是難以言喻。當下真的很想給黑煞一個擁抱，當訴他，你終於比較有做生意的樣子了！

但，我的感動只有三十秒，就在他打開倉庫的電動門後，那股感動就徹徹底底的消失了……

當那電動鐵捲門拉上，黑煞副總打開玻璃門時，那個場景，讓我以為我到了大甲鎮瀾宮！真的！當下，我終於相信他跟顏董很麻吉的這件事了！

倉庫裡擺了大大小小數十尊神像，坐中間的是一尊大大的黑面三媽，然後旁邊還有濟公、三太子、關公，還有一些我搞不清楚的神……看到那麼多神明，我終於知道為什麼他可以連闖九個紅燈而面不改色！因為，他根本就是三太子上身，腳踏風火輪，哪還管什麼紅綠燈！

「副總，那麼我們先談正事好了！我是很有意願出貨給您，但是不知道您是否可以將上次出貨的貨款先付一下？這樣公司就會同意下一筆出貨了！」事實上我說這話完全是個幌子，有時候業務為了收款以減少損失，寧可先把貨款拿到手之後其他再行討論。

「妳知道嗎，這個倉庫是我爸爸的！」黑煞副總對著我指著這個看起來差不多有一千坪大的倉庫說。

倉庫裡什麼貨物也沒有，空棧板倒是不少。另外，裡頭停了不少名貴的跑車，一台台整整齊齊的停在規劃好的格子裡。

「這次跟妳出貨只出了七十幾萬，妳知道嗎，我這些車只要一起進一次保養廠，就差不多要這個數字了！」

「是呀，今天見識了副總的實力，所以更加深了我對你們的信心了！」雖然我覺得那個場地擺明就很像是出租停車場，但還是順勢給他們帶了高帽：「不然這樣吧，副總你今天替貨款開張支票，我明天馬上請公司出貨如何？」

只見黑煞副總突然之間又面有難色的說：「可是支票都是白煞副總在開的，公司章都在他那兒……」

很明顯的，黑煞又在玩推托的把戲，這時我緊咬著不放，拿出了手機，馬上打電話給白煞，電話一接通，馬上告訴白煞：「副總呀，黑煞副總同意付款了！那麼我現在把電話轉給黑煞副總跟您確認，可以嗎？」

終於，黑白雙煞在我軟硬兼施的情況之下，至少口頭答應了付款的要求，但我很清楚明白的是，要他們付款絕對不是那麼容易的事！於是乎在跟他們口頭確認完畢之後，馬上驅車前往白煞母親工作的地點！

與黑白雙煞之所以會開始交易，完全是因為白煞的母親利用自己的職權在中間半逼迫式的牽線，而白煞母親的確是整個案子中最難解決，也是最沒人敢去碰觸的一塊！但任何事都有其弱點與破綻，就如同法界有句名言道，「舉證之所在，敗訴之所在」。所以，白煞母親雖然利用其職權半威脅，逼迫我們就範，並與其無條件配合，但其公務人員兼採購的身份，卻是黑白雙煞最大的罩門！

對於死皮賴臉、裝白目不付錢的傢伙，對付他們最好的辦法，就是「比他們還白目」！當天結束黑煞的拜訪行程後，我打鐵趁熱的趕往白煞母親工作的地點拜訪。白煞母親不可一世的態度令人生厭，但我先放軟姿態告訴她，我們即將出貨給黑白雙煞了，因為兩位副總都同意先行付款，而且今日付款完成就可以出貨了！

我裝腔做勢的在辦公室裡拿起手機打給白煞，開始高談闊論起我們彼此之間的交易及付款條件，這時白煞母親的臉色突然變得很難看，示意我別在她辦公室提起這件事情，這時我馬上將手機交給她，告訴她說：「不然您要不要先跟副總說一下我在這裡等他？若他不方便進來，等他到了，我可以到門口跟他接頭！當然，我不會告訴別人的！」

當下，這位掌握我方公司公家單位交貨大權的採購，頓時像洩了氣的氣球一樣，終於任人擺佈了！

黑白雙煞的貨款當然是收回來了！而且也因為我們三不五時就去「拜訪」白煞

母親的關係，黑白雙煞的付款變得順利異常！之後也非常配合的提供了資產設定，給我方足夠的出貨保障。

結論是，客戶信用的評估審核，確實是業務工作最重要的關鍵。尤其是在不景氣的年代，被倒一筆帳，嚴重者做二十年白工等情事時有所聞！客戶信用評估的訣竅，最簡單的就是資產設定抵押、預付現金、開設信用狀等。若這部分客戶都無法配合，但公司仍願意承擔可接受的風險時，勤跑客戶，詳實了解客戶公司的運作狀況，掌握對方掌管財務的 keyman 狀況，也不失為評估客戶信用的好方式！

第六章

外行不知，「一夜致富」的祕辛

雖說，業務人員靠著「高超的銷售技巧賺取大筆的獎金致富」時有所聞，不過現實生活中，真正「兢兢業業」靠著銷售工作而致富的真實案例，真的是少之又少！

一般來說業務人員的高獎金制度完全是建立在低底薪的條件上，而之所以能支付高額獎金，很大一部分是產品的訂價本身就頗高且沒什麼知名度，才有辦法支付高成數的獎金；而訂價頗高，往往是產品銷售上最難跨越的第一道障礙！

那些傳說中，年收入千萬的業務精英份子，往往是傳銷、保險、房地產等行業所刻意製造出來吸引下線加入的表象。不諱言的，那些行業真的有這些頂尖的人物，但這些報導往往只會敘述這些人物日進斗金、開名車、帶名錶、擁美女等奢華生活，卻刻意對這些人物必需自行支付的許多費用及成本等事實避重就輕。

話雖如此，業務圈子還是有許多靠著業務工作而「一夜致富」的案例，雖然這些案例不一定都是循著合法管道而賺到自己的第一桶金，但就讓讀者們多少了解一下。

賺公司的利息錢來致富？

業務有時賺大錢，並不一定都是因為業績很好、靠公司發放的獎金而致富。許多業務致富的秘訣，私底下都是靠著鑽公司的管理漏洞來謀取私人利益。

石化業界就曾經發生過整個業務部門集體靠著鑽公司的財務漏洞，把原本屬於公司的利息收入，統統轉到自己名下，大賺利息錢而一夜暴富的案例。

整個集體貪瀆案件前後長達十多年之久，每個業務最後都成為千萬，甚至億萬富翁，而公司最後只能將其開除。也因為此案牽連甚廣，不少高層都參予其中，所以最後其他的民事、刑事責任，也只能不了了之。而這個上市石化業業務人員，年度利息收入高達五百萬以上的秘辛，也成為業界津津樂道的話題。

話說從頭

想跟台灣前三大石化集團買東西，除了現金交易外，許多甚至會要求資產設定——買方必需提供土地或定存給予賣方抵押，以避免買方倒帳。儘管今日的交易市場，信用膨脹幾乎是不得不為之的行為——月結六十日，甚至九十日的交易條件都已經見怪不怪了，但是這些老派的石化集團公司，對於之前許多客戶的資產設定，幾乎是緊咬不放，畢竟錢既收了進來，就沒有還回去的道理！也因為這樣，這些石化公司的倒帳率極低，就算被倒帳了，也還有現金定存單或是土地、房屋等物件可以拍賣以取得貨款。也因為有了這些早期就訂下來的條件的關係，只要石油成本不要有太大的變動，客戶的抵押品與定存單設定，就是這些老石化公司帳務無堅不摧的基石！

理論上，這麼周延的貨款控管，整個業務的資金往來系統應該完全不會有問題，然而，鴨蛋再密也有縫，儘管有著這麼堅強的資金保護系統，卻還是造就了一小批年息收入比年薪還高的業務員！

在早期定存利息還在八％以上的年代，只要每個月銀行戶頭都存有一百萬，一年就能賺取八萬以上的利息錢——但那個年代，不是只有短短的一兩年，而是長長的十幾年！

民國七、八十年間，因為整個貿易市場的交易量大增，導致原本的預付現金票交易逐漸轉變成月結三十日，甚至六十日的期票時，儘管是一向只收現金的石化業，對於部分不再那麼強勢的產品，也慢慢動搖。只要有設定抵押的客戶，慢慢的可以開放接受長期的票據付款。

當然，一個懂狀況的業務人員，是不會去通知每家客戶「交易條件已經改變了，公司現在已經接受票據付款了」，而是以不變應萬變。有來申請票據付款的客人，再視情況為其申請，而原本就以現金票預付出貨的客戶，只要沒有來申請的，一律按兵不動保持原狀。

一般來說，這已經是最合適的處理方式了，畢竟客戶交易的條件只要變動，或多或少都會造成業務推廣與執行的難度，但只要拿捏得當，對於某部分反應快的業務來說，這不失為一筆發財的機會！

許多客戶在支付上游票款的時候，為了方便票據的流通，通常會收集自己客戶給付給自己的客票，來當作付款的工具。所以這些最上游石化廠收到的票據，許多都是沒有抬頭（只有付款日期及付款金額，沒有指定付款戶頭）的支票！公司的財務人員對這個情況已經見怪不怪，畢竟公司只要求票據要到期兌付，只要不跳票，就代表沒有異常。也因為如此，國內有家石化廠的業務部門，開始了一場看似合法又不損及公司利益，還能大撈特撈私人財富的金錢遊戲。

在變更交易條件的時候，公司都會給予業務最低的底限，只要不超過公司給予的底限，就不用向公司特別報備。比方公司規定收款兌現日不能超過出貨後的九十日等，那麼業務就能隨自己與客戶的意願，任意調整收款的期限，只要客戶願意，那麼業務可以與客戶約定三十日收款或六十日收款，只要不超過九十日這個公司底限即可。而每個業務的行事風格不同，部分比較公務員心態的，會馬上出去外面對客戶亮底牌，所有客戶拿到的條件，都是公司給的底限條件；而本篇所要敘述的案例，將完全顛覆一般人對業務的看法！

案例中的業務部門是負責塑化原料ＰＶＣ的銷售，而ＰＶＣ就算是現在，也是銷量及營業額很大的一項產品。這個業務部門從上到下的業務人員大約有八人，年度營業額約有五十億元之高！當業務主管接獲公司管理部門終於放寬客戶付款條件時，他開始發佈一個命令：雖然公司給他的底限是可接受九十日內兌現的期票，但他一律向底下的業務告知，所有客戶只放寬到接受三十日的票期。

對於許多早就習慣預付現金的老客戶而言，上游能接受放寬到月結三十日，已經是給大家喘息的機會了。許多老客人只要見到條件放寬了，多半也就接受了月結三十日的條件，只是付款工具仍然以業界流通的「無記名支票」來支付。這時，整個業務部門在確認客戶已經接受月結三十日的條件後，馬上向財務部們變更登記，將客戶的付款期限，登記為「月結六十日或九十日」！

乍看之下，好像這也沒有什麼關係。只是，業務收到錢之後，多延期一兩個月向公司繳款罷了，再說公司只規定最慢只要在九十日之內繳款即可，就算業務跟客人收三十日的款，公司的底限九十日一到，客戶的貨款最後一樣會進到公司的戶頭。但是，會這麼玩的業務，就是要利用這個漏洞來賺取不正當的利潤！

業務在變更完客戶的付款資料後，會立刻去開人頭戶，再將所有客戶開立月結三十日的票子軋入自己的人頭戶裡，接著過一兩個月後，再從人頭戶開支票，把錢交給公司！

通常塑膠原料，比方說ＰＶＣ的交易金額都很大，隨便一個業務人員負責的年度業績甚至是用十幾億在算的，每個月會在這個人頭戶裡保存的貨款，就會有數千萬，甚至數億元以上。這筆錢進進又出出，都會維持在一定的金額之內。所以，這些業務人員只要將幾家客戶的票子軋到自己的人頭戶，一兩個月後再轉出來，一年下來，當銀行結算利息時，開立人頭戶的業務，就能獲得為數不少的利息錢——尤其是在那年息八％的時代！想想，只要裡頭固定存有一億元的貨款，那麼一年就能賺取八百萬的利息。這些錢，除了是業務本身年薪的好幾十倍以外，公司更是完全是無法察覺，是筆相當令人愉快的外快。

那時候，管理該公司停車場的管理員最清楚——某些業務人員開的車甚至都比公司配給總經理的車還要好；該公司附近的高檔餐廳，更是因為這家公司業務的「外快」，每天中午幾乎都爆滿。大家都傳說石化業的業務很好做，個個都賺大錢，殊不知，其實大家拚命在賺的，都是鑽公司的漏洞，賺公司的利息錢！

之後，隨著存款利息的逐漸降低和產業慢慢的外移後，這些專門鑽漏洞的業務「外快」愈賺愈少了，而且因為人員調度的關係，這事兒逐漸傳到了其他集團內的事業體。終於，在大家口耳相傳之下，這種賺「外快」的操作手法終究爆發開來！當然，雖然該公司大刀闊斧的砍了不少人，但是這些人這樣賺了十幾年，該賺飽的都賺飽了，畢竟一年光年息就是幾百萬，甚至是幾千萬在賺的。雖然說這家石化公司業務人員的薪資水準，都算是同業裡最差的，但是額外的油水，卻是業界所知道最多的！

事實上，在這波賺取公司利息的風潮中，懂得明哲保身的，最後在存款利息愈來愈低以後，都急流湧退改玩別種手法去了。而這批風潮裡的最後幾隻白老鼠，在發現利息很難賺，而公司又抓得緊的情況下，也不少人使出霹靂手段，一次吃到飽！

一般來說，當公司發現客戶未能在應該入帳的日期匯款給公司後，通常都會列印一份當月應向公司繳款的清單（應收帳款帳齡表），提醒業務單位該去向客戶收款了。在以前資訊管理並不是很周全的情況之下，這份報表印出來，有時候都已經逾期將近一個月了，而若當初業務報給公司的付款期限是月結九十日，那麼，若是業務有心再編些理由拖延付款，其實當整個貨款最後無法兌現時，都已經超過四個月了！

國內某上市化工貿易商，就曾發生過一名許姓業務員，最後將客戶連續四個月的支票都兌進自己的人頭戶裡，金額高達七、八千萬而從未向公司繳款，經過四個月後終於被公司發現進而爆發的業務「一夜致富」的事件。

當時，該名許姓業務就是在收款時，將客戶給付的支票軋進自己的帳戶後，卻沒向公司繳款，而在公司檢討客戶遲延付款時，都以客戶老闆娘出國不方便開票等理由回報公司。由於該名許姓業務實為蓄意犯案，甚至案件爆發後，還是一如往常的正常到公司上班，絲毫不動聲色。當公司報案後向其審問，他也都坦承不諱，而唯一不配合的，就是不願意把錢交出來。當然，當下他名下所有的資產，也已經都移轉了。

這個案件審理的速度極快，因為該名許姓業務極為配合，並以最快的速度認罪，而侵占公款或盜用公款的罪名在台灣的法律上來說，只要表現良好，加上假釋期間守規矩，最多也是三年多就放出來了！所以許姓業務非常配合偵辦，很快的進監牢去蹲，然後也很快的出來了。之後，據說是拿著這筆錢改名換姓、隱姓埋名的當安樂公去了！

當時這名業務將票子軋進自己戶頭的期間，大約是民國八十二年上下，那時已經算是利息很低，公司又抓得很緊的時期。許姓業務選擇「一次吃到飽」，直接侵吞鉅額公款然後乖乖就範被抓去關、再放出來，算是「變相」獲得業務人生第一桶金的方式！

是業務，也兼老闆！

上述業務鑽行政漏洞而一夜暴富的故事，不止發生在石化業，其實只要是交易營業額大的產業，尤其是一般民生必需品、百貨業或製造業，幾乎都有這種情況。只是，利息在近十年來快速的調降，賺取客戶利差的外快，已經完全沒有意義了！腦子動得快的業務，又開始發展出新的手法——在整體環境不佳，自行獨立創業的風險性極高的狀態下，「內部創業」的型態，逐漸發展了起來！

內部創業最常見到的，就是業務自己在公司的體制外再開一家公司，然後利用自己職務上的權限，為自己在外設立的公司，爭取最低價及最佳的付款條件，球員兼裁判——自己用低廉的價格出貨給自己，賺取比一般客戶略高的價差。

在上述的石化公司中，那些賺過公司利息差額的老業務，幾乎都人手好幾家「人頭公司」！業務利用自己的職務權，給自己設立的人頭公司最低的價格，甚至是比其他客戶都還要低的價格，接著把所有的貨，都經過自己的人頭公司賺一手，再出貨給下游的其他客戶。

在這個案例裡，業務不單單是業務，更是盤商的最上游——自己成立的公司，就是自己的最大客戶。公司所有的客戶，幾乎都要讓自己公司賺一手才罷休！當然這種做法就稍微復雜點，畢竟在外成立的自家公司總不能自己當負責人，所以多半也是買來的「人頭公司」。

許多跟該業務配合已久的老客戶，多半也不會去揭發業務以人頭公司在中間抽佣的行為，而是多半會買業務的帳，向人頭公司進貨，甚至「參與入股」，以求討好業務，買到最低價的商品。到最後，這些業務個個都是名副其實的「大老闆」，而這任用這些業務的公司，其財務永遠就是在損益兩平點上。當產品價格調漲時，業務為了一己之私，自己成立的人頭公司進貨成本不會有太大的調整；當產品跌價時，業務也因為一己之私，鐵定會努力的利用職權，把自己人頭公司的進貨成本砍到最低。但無論如何，這些外表是業務，實際上卻是盤商的大老闆，每個口袋都賺得飽飽的。

就因為公司長久以來的業務經營，都被這些人把持著，所以就算上層對這些問題時有所聞，卻也很難去整頓這些人。尤其他們已把持業務十幾甚至二十年，許多建檔在公司電腦裡的「客戶資料」，哪些是真的？哪些是假的？高層都已經很難以辨別。況且，這種業務自行在外創業的模式，不是只有發生在小業務身上，而是連部門最大的經理或處長級人物，也都跟著這樣玩；沒跟著玩的，通常也會因為過分「清流」，而被打成黑五類。不同流合污者，久而久之也會被趕出該部門。畢竟這些行為都不是合法的事，大家都害怕被檢舉——「非我族類其心必異」。所以不跟著一起內部創業的清流，最後的下場都是不得不除掉，而公司的營運當然也就每況愈下。

雖然，發生這類事情的公司最後也整頓了不少敗類，但是所謂的「整頓」，也不過就是讓這些人退休罷了。但這些「敗類業務」即使退休了，當初開立的外部公司卻都已靠著過去的資源成長茁壯，而原來的舊公司，多半早就被這些蛀蟲啃食得體無完膚了。

事實上許多國內看的到的傳統產業、批發商（如食品、塑膠、化工、紡織等），其老闆的背景都是經過上述內部創業的階段來的——許多人都曾經是上游供應製造商的業務人員！當然，這種業務自己開人頭公司，直接出貨給自己人頭公司的內部創業法，在經過近十來年的「客戶資料e化」後，加上公司對新客戶的授信資料愈來愈審慎的情況下，現在也很難再發生了！雖說如此，想要鑽公司漏洞、玩內部創業的人，其實還真是不少！

再也不是秘辛

賺取產品價差的案例，都必需有一個前提，那就是這個產品在不同的市場區隔中，有著不同的販售價格，然後產生了價差。

一般而言，這個價差的產生，都是公司在做市場區隔時產生了模糊地帶，導致一些反應快的業務有機可趁。其中，最難防範的，莫過於外銷市場與內銷市場的價差。

一般公司對於內銷市場與外銷市場的出貨訂價往往有很大的差異。由於產品的外銷，通常都是由外地的代理商來負責銷售及售後服務，加上代理商需求的利潤，所以外銷的價格通常都會低上內銷市場許多，價差有時甚至高達五成以上！所以懂得門道的業務，就開始利用內銷跟外銷價的差異，賺取人生的第一桶金。

外銷轉內銷，利潤差數倍

台灣長期以來的生意多半建立在出口貿易上，而許多貨品的出口報價，或許因為匯率的關係，或許因為數量的關係，所以報價的金額都會比內銷的金額要低上許多，部分大宗原物料甚至不到國內報價的六成。慢慢的，在賺不到公司的利息差額，而內銷市場又多半被前輩的「內部創業」給蠶食殆盡時，想要鑽漏洞、搞內部創業的新一代業務，開始憑著這種「外銷價一定比內銷價便宜」的制度，發展出另一套內部創業的做法。這種情況讓報公司要外銷出口，事實上卻把貨物賣回內銷市場上來的內部創業模式，普遍存在有做外銷生意的公司裡。

早期台灣流通的各式百貨製品，如鍋碗瓢盆等，可以選擇的花樣款式其實不多。稍有設計感的、品質較好的，幾乎都以外銷為主，而市面上販售的許多號稱「平行輸入」的泊來品，在早期而言，許多都是台灣外銷單的產品，但被業務弄回國內賣了！

這股風氣，是從文具業開始發燒起——其實台灣到目前為止還是有很多專門生產精緻文具的公司，它們在國外參展時多半是走禮、贈品路線，設計及品質都還不錯。因為外銷數量大的關係，在以量制價的情況下，出口的單價，往往比國內一般平價卻看起來沒什麼質感的文具來得低上許多，所以有人盯上這一塊，也算理所當然的！

以外銷來說，因為交易條件的不同，報的單價當然也會不一樣！一般來說比較常見的外銷報價多半為ＦＯＢ及ＣＩＦ。

ＦＯＢ的報價是指，在這個報價裡頭，除了商品本身的價格外，還包含從賣方倉庫到上船之前的所有費用。也就是說，賣方若給了這個報價，那麼賣方只需把貨物載到港口就沒事了！而其他從上船以後發生的費用，如船務的運費、船上的保險費等，都由買方自行負擔。

ＣＩＦ跟ＦＯＢ的差異，就在於在ＣＩＦ報價裡，賣方還需要負責把貨物運送到買方指定的港口，除了負擔海上船運的費用外，還需要負擔貨物在海上的保險費。也就是說，若賣方給了CIF報價，那麼賣方就必需要讓貨物安然的抵達買方指定的國外港口，當然包含支付所有其中發生的運費跟保險費。

一般國際貿易中，CIF對於買方是比較有利的，畢竟賣方必需要全程負責貨運的運送，安全的將客戶的貨物運送到指定的港口。所以一般國際貿易的買方，多半喜歡選擇CIF的交易方式。

一般來說買方多半會選擇所謂的CIF報價，畢竟這對自己比較有利且方便。但你會發現，許多外銷的訂單中，三不五時都會有部分外銷客戶，居然只要求FOB報價？只希望賣方把東西送到港口就好？其他的部分買方都會很勤勞的自行負責……

當然，確實是有部分外銷客戶有如此勤勞的美德，但是事實上，許多FOB條件的外銷貨品，最後幾乎都沒有真的被送上船、運往到國外，而是有人從港口用貨車拖出來然後存放到附近的倉庫。也就是說，因為一般公司給予外銷的單價都會比內銷低上許多，所以許多所謂FOB，不用運送到國外的外銷訂單，其實並不是真正的外銷訂單，而是部分業務「假外銷低價報價之名，行內銷傾銷大賺價差之實」的邪惡勾當！

一般而言這種手法，都得經過一番的「套招」才有辦法達到拿到低價貨源，達到目的。因為前篇說到，經常有國際騙子藉著名不見經傳的國外公司，對國內的出口商進行國際商業詐騙，所以許多比較有規模的國內公司，若沒有打聽清楚對方公司的底細時，是不會隨意出貨的！所以，當業務想玩這種手法低價買到公司的貨，通常都得找人來演一下戲，甚至請人扮演國際買家，直接到自己公司來表演「拜訪」，以求能贏得公司的信任，方便出貨。

話說從頭

曾經國內有一家知名的化工貿易商，雖然沒上市，但是據說公司內部的員工都很愛認股公司的股票，因為公司年年的配股利息都有兩成以上。雖說是化工貿易商——並沒有生產商品，但是這家公司的採購非常厲害，總是能拿到世界各國的特殊、稀有原料，其用量雖然跟一般泛用原料相比簡直是九牛一毛，但因為其稀有性，價格頗具「寡占」性質，市場價格也不透明。正因為這種特性，即使客戶稀少且發掘不易，但只要找得到買主，利潤通常是五倍、十倍以上在賺的！

這家公司毛利甚好、獲利甚高，加上公司的型態是貿易公司，自己除了倉庫以外，並沒有工廠，於是貨源的出處就是公司最大的資產，所以公司一直很防範業務人員知道貨源的供應出處及真實成本。為了防範業務人員得到上游的資訊，公司裡的業務一律不許進傳真收發室，所有的文件內容一律交給事務助理小姐處理，處理完後重要的文件一律進保險櫃，而其他不重要的文件，一律當日進碎紙機打碎處理。

好奇之心人皆有之，許多事情公司愈是禁止，業務就愈是好奇的想去了解！而事情的開端，就從某位陳姓業務經理說起……

話說該位陳經理平日是銷售「橡膠添加色粉」的業務。我們看到的橡膠多半都是一條一條黑色已成型的半成品，但事實上原橡膠在採收的時候，是乳白帶點黃色的膠狀物，它必需要加入黑色的色粉（也就是所謂的黑煙）混煉後，才會變成我們平日看的到的橡膠半成品。

一般來說橡膠的「黑煙」是很「死豬價」的東西，出貨量雖大，但價格固定且毛利極低，但公司給他的成本，卻比一般市面上競爭品的售價還高很多！他曾向公司反應過成本跟市價的差距過大，造成銷售上的困難。但是公司回覆他，這支黑色色粉的品質特好，成本當然就高一點，請他務必盡力去銷售。況且，這支貴得要命的色粉產品是老闆親自去談回來的，貨都在倉庫裡，錢早就付給對方了，要是賣不掉，老闆不好過，員工當然就更不會好過了！

就在他頭大的時候，突然接到一通電話！

這通電話是陳經理一家做油漆的客戶打過來的，向他詢問有沒有黑色的色粉可以讓他加在油漆裡頭，但他不要一般的黑色，要擦起來「帶金光」的黑色。

一般的黑色就是「消光」的顏色，黑色的色底多半很難再反射出其他顏色的光澤。他當時苦笑了一下，怎麼最近接的案子都如此棘手！突然，他想到手邊剛好有一支成本貴得要命而賣不出去，可老闆要他硬著頭皮也要賣的黑色色粉。於是，他抱著死馬當活馬醫的心態，把老闆買進來那些成本貴到不符市價的黑色色粉，拿去給這家做油漆的客戶試！

沒想到，這一試，死馬真的讓他醫成了活馬！原來這支黑色色粉的特色，就是能在某些光線的照射之下，反射出金色的光澤，大部分的黑色色粉根本就不會有這種效果，所以那家油漆廠對這支色粉的特性讚不絕口！

當下，這位陳經理嚇了一跳。這下子雖然可以把老闆交代的燙手山芋給丟出去了，但是業務的敏感度告訴他，當客戶對產品這麼讚不絕口的時候，對於價格的要求相對的就會寬鬆許多。但寬鬆到什麼程度，他心裡頭也沒個準，所以他並不急著報價，打算等客戶自己表態，看客戶願意花多少錢來買這支產品。於是他表現出一副猶豫不決的態度，告訴客人，這支產品是特製品，公司的庫存很少，而且已有客戶包下了大部分的貨量，且單價頗高。

「不然你一公斤賣我兩百五十元如何？」

在他盡力拖延報價時間之後，客戶情急之下，說出了一個價格，而這個價格令他大吃一驚！在他跑的橡膠業界中，「黑煙」是最便宜的東西，一公斤最多也是十幾二十來塊，雖然他不知道這支帶有光澤的黑色色粉，真實進貨成本是多少，但是公司希望他能賣出去的價格是一公斤三十幾塊！所以，當他聽到客戶願意一公斤花兩百五十塊購買，也真是夠讓他驚訝了！

「兩百五十元一公斤？你不要跟我開玩笑了！我們出貨有最低訂購量哦！」他幾乎是驚叫了出來，畢竟，這個單價跟預期的差太多了。他想，這種單價，客人最多買個三、五公斤吧！

「兩百五十元我知道是有點困難啦！」客戶聽了他的驚叫之後，發現這位業務好像不是很同意自己報出來的價格，於是又怯怯的說：「不然，三百元一公斤啦，我現在首批只有個幾噸的需求量，而這次貨要是交得出去，以後就是固定單了，還會繼續有的！」

陳經理聽到客戶自己報出來的價格，一下子從兩百五十元又拉升到三百元就已經夠駭人了，但讓他更驚訝的是，客戶需求量之大，更是令他不可思議！三百元一公斤的價格，幾乎是他目前賣價的十倍了，而這位客戶又需求得如此迫切，看來台灣的攪漆調色廠，或許也很需要這樣的產品。十倍的差價讓這位陳經理開始重新思考未來的路，或許這支產品，可以開創他另的一人生的康莊大道！

這時，這位陳經理已經打定主意，不向公司報告這家做油漆客戶居然願意以天價購買這支其實應該很廉價的黑色色粉——因為這高額的價差讓他心裡有了另一個盤算。他一點也不想讓公司知道，國內居然會有廠商對這支產品需求若渴！

於是，他向公司報告，國外有家客戶願意以現金一次購買這支公司的滯存品，而對方要求報ＦＯＢ價格（只送貨到國內港口）。在此同時，他也在境外用了人頭申請了一家貿易批發公司，然後立刻向公司下單這支價差頗高的黑色色粉，接著在貨物運送到港口之後，馬上安排人將這批貨物載送到自己預先準備的倉庫裡去。貨物進倉之後，他便將貨品的包裝袋全改了，打上自有品牌的LOGO。

這位陳經理這麼做，是不希望原服務的公司知道原來這個產品在國內能產生如此大的價差，所以欺騙公司這個產品要外銷；改變包裝是為了讓客戶無從尋訪這個貨品的貨源所在。如此一來，這位業務成功的截斷了公司與客戶之間的聯繫，公司以為產品外銷出口了，而客戶也認為這支貨品是漂洋過海進口的，這中間的價差，完全就被這位陳經理自己賺走了！

這個案例原本就這麼結束了。畢竟就公司而言，也算是用一筆還可以的價格處理了一批燙手山芋，但對這位陳經理來說，當他享受到了高額利潤的滋味，加上客戶還要持續下訂單之後，他開始想要知道公司真正的成本，甚至是貨源出處！

基於這樣的想法，陳經理開始假意的跟公司反應說，客戶告訴他：「貨品的品質有問題，請公司向原料原廠協助洽詢。」依照該公司慣例，洽詢完的細節之後，所有的資訊一律進碎紙機處理，而在資料進碎紙機之後，這位陳經理就趁沒人注意時，神不之鬼不覺的假借以清理垃圾的名義，把碎紙機裡的碎紙帶回家，然後一條一條的把碎紙給拼了起來。終於，讓他找出了這支貨品的來源！

再也不是秘辛

之後這個內部創業的方式，在這家貿易公司內廣為流傳，而這家貿易公司也變成內部創業最活躍的公司。許多業務都是等到業績穩定之後，再自行離職，然後再跟國外的供應廠商聯絡，確定供貨後，再自行獨立出來運作成為小具規模的貿易公司。

很有趣的是，這家公司仍然是國內數一數二的大型化工原料貿易商，公司並沒有因為客戶及貨源被挖走就開始走向衰退，業績反而一年比一年好。公司所開發的新產品也一年比一年多，雖然培養出更多競爭對手，但是也因為這家公司懂得求新求變，所以在化工貿易的市場上，一直處於不敗的地位，而部分只知固守固定產品及貨源的老業務，最後反而走向衰敗。

成為公司的上游供應商

除了上述許多利用職權，把公司的貨物、利息、帳款等移轉到自己名下外，還有一種內部創業模式，就是努力把自己變成公司、老闆的上游供應商！

儘管產業外移，台灣到現在還是仍有許多製造半成品及成品的製造業仍在營運。既然是製造業，當然就必需採購許多材料進來自行加工，然後把材料做成半成品或成品銷售出去。業務因為在外跑客戶，扮演的通常都是探觸客戶需求的角色，這些客戶的特定預求，需要加入什麼樣的原料、什麼樣的配件，甚至什麼樣的加工方式，業務也都是得到第一手資訊的人。所以，腦筋轉得快，又略懂一些加工工法及材料特性的業務，很容易搖身一變成為原公司的上游供應商！國內有家做建築材料的批發商，其總經理就是這麼發跡的！

話說從頭

一開始，這位總經理只是在公司裡銷售防火建材的小業務，在辛勤跑了一段時間後，他發現建築材料的世界包羅萬象，公司的客戶跟通路都很廣泛，掌握著這麼大的客戶跟市場，公司卻只單單銷售防火填充建材，產品線單調得可以，這對公司來說，實在是太可惜了點。所以他開始觀察市面上其他的同質性，卻又有點差異化的競爭產品，希望能有計畫的引進公司，擴充公司的產品線。

這家公司長期以來都是非常保守的家族企業，多數的老員工都不喜歡負擔比較創新及開發的工作。在經過多次的內部討論之後，公司的保守派表示，可以協助做些簡單的加工，但是加工的貨源必需由客戶供應，否則公司不接這些「麻煩」的生意！

這位當時還是小業務的總經理急欲給公司開發新產品，但內部的阻力卻排山倒海，讓他有點沮喪，但是仍不放棄。基於想開拓新產品的那股意念，他開始搜尋可用於加工的材料來源。在百般努力之後，也確實被他找到了有在販售這些材料的便宜進口管道。雖然貨源是有了，無奈公司不願意花費部分的樣品費用來測試這些搜尋到的材料是否可行，於是他心一橫，憑著自己跟國外廠商接觸的經驗和一股自信心，就這樣自己掏出了好幾萬塊買了第一批加工材料樣品回來試產！

一開始，他其實有點怕，不過想了想，其實幾萬元自己還負擔得起。若測試不成功，就當作做兩個月白工；若成功了，以後的業績獎金也可補得回來。

最後，上天算也滿眷顧他的，他的加工材料跟公司的產品結合度良好，所以成品做出來非常漂亮，客戶也非常喜歡。最後，在客戶願意購買的前題之下，公司開了支票給小業務，當作是向他購買這批加工品！

很有趣的是，當這位業務把上游進加工材料的源頭 PASS 給公司的採購時，公司的採購小姐不知怎的，因為行政處理的程序跟對方發生了口角，使得對方不願意出貨給自己公司，只願意出貨給這位業務。就這樣，這位業務開始代表公司去接洽各種跟公司本行有相關的加工材料，而且生意愈做愈大。也因為上游成本可以自行控管，所以在外的生意也做得非常順利，最後，他從小小的業務人員，變成該公司的總經理，而公司的本業到最後反而變成了副業。這位總經理業務，一邊在公司做總經理，一邊自己進口材料給自己服務的公司，所有的進口成本，都是自己批准自己簽核，球員兼裁判！

雖然幕後的金主老闆對這位總經理業務敢怒不敢言，但該公司最後已經淪為該總經理的代工廠了，若這位總經理哪天辭職不幹了，公司說不定連代工的機會也沒有，便由著他繼續球員兼裁判。

這位出身於小業務的總經理，也是界業少見的案例，自己在外面開公司還可以開到繼續坐穩老東家的總經理，而且還不具股東的身分，就可以擁有「球員兼裁判」的能力，可說真正是少見呀！

贈品也能致富？

先前提過，每家公司為了獎勵客戶多購買一些產品，都會給予業務「部分給予折扣」的權限。只要客戶進貨到達一定的門檻，業務就能依照公司給的權限給予進貨獎金，而這筆獎金通常都是直接以貨款來折讓金額，也就是所謂的進貨退佣。

在某些行業，這筆達到進貨門檻而得到的獎金，卻不是給予「現金」，而是給予客戶「等值的可銷售商品」，也稱作贈品。這種做法對公司最大的好處，就是能確保客戶不會拿著這筆獎金去向其他競爭廠商進貨，而是直接給予貨品去銷售，同時也可以提高自家產品在市場上的市占率；就客戶而言，這也是最快經過銷售的方式來達到變現的效果，通常都樂於接受。因此，這種直接給予客戶等值、可銷售商品來做為進貨獎金的情況，在百貨業相當的常見。

一般來說，這些客戶獎勵贈品的處理也是業務的工作之一，尤其是那些也要負責開小貨車自己送貨的業務，贈品的發送幾乎得一手包辦，當然，也包括計算數量、金額。所以對於某些特別會鑽漏洞的人來說，這也不失為一條發財之道！

化工業的利潤是眾所皆知的高，以一般清潔用品來說，最貴的成本多半在於瓶罐包裝及運輸，其主要銷售的內容物所占成本卻很低。正因為這種行業特性，所以這個業界給予的進貨獎勵成數較其他百貨業來得高——一般來說都有二十％左右的獎勵折數。許多大型的通路業者，進貨的獎勵會依他的銷售業績而提高；也就是說，若進貨獎勵的門檻是一百萬，當月進貨只要達到一百萬，公司就會另外發送二十萬甚至更高的贈品給予獎勵。

話說從頭

過去有個王姓業務，業績及收入不是頂尖，卻過著開名車、住豪宅的優渥日子。大家以為他原本就家境富裕，但事實上並非如此。

一開始，他也是個苦幹實幹又賺不到錢的業務司機，日子每天都在送貨、載貨、疊貨中度過。在一次偶然的機會裡，他載送每個月的進貨獎勵贈品到客戶倉庫時，不小心短少了一小部分，而很湊巧的是，客戶居然也沒發現！

原來，百貨通路的盤商每個月要進的貨品非常多，而每家配合廠商給予的進貨獎勵贈品條件也不盡相同。這位小王雖然這次給少了，但短缺的數量也不過占其中的五％，而五％剛好是未稅金額與含稅金額的落差，所以客戶一時就以為給予的進貨獎勵贈品的數量是沒有錯的！

當小王發現，客戶不計較的原因，居然是含稅金額跟未稅金額的盲點時，他開始大膽的把每個客戶的贈品，都偷偷藏了五％起來，若客戶有爭議，他就笑笑說公司算錯了，改明兒馬上補正；若客戶沒發現，這五％的贈品就成為小王口袋裡的私房錢。每當貨品屯積到一個數量之後，他就會到不是他負責的客戶那裡，用比較便宜的破盤貨，賣給一些貪小便宜的客戶。

一般來說，化工清潔用品業的營業額算是相當得高，每個業務一個月負責個一兩千萬都算是一般的責任額。若以一千萬來作為計算單位，每個月發出去的獎金贈品就會高達兩百萬之譜，而兩百萬的五％就是十萬塊。也就是說，小王發現了這個行政漏洞之後，每個月的「外快」，就高達十幾二十萬了！也因為小王周轉得宜，他刻苦的日子慢慢改善了，也開始過著開名車、住豪宅的生活。

若小王一直只守著這五％，或許他的秘密一輩子都不會被人發現！但是，人的失敗許多都是敗在「貪念太重」，小王當然也是一樣……

由於現在的通路大者恆大，許多大型的通路負責贈品的管理單位，不是是倉庫就是採購。小王能發現這個贈品制度的漏洞，當然許多應對的擔當窗口也發現了！事實上，在百貨通路業擔任贈品收發的單位負責人，不少也都靠這些外快，賺到人生的第一桶金！也就是說，除了小王之外，百貨通路裡許多處理贈品管理的人員，也都是靠著這五％的模糊地帶，對自己的公司欺上瞞下，大賺漏洞之財。而當採購端與業務端的人員，同時都對這五％的利潤認定「非我莫屬」時，一旦爆發口角，也就是這事被揭穿的爆點！

當小王的車子愈開愈好時，一個月十幾萬的外快已賺到「不敷使用」，於是他開始向客戶端謊稱，公司因為要costdown，所以從今以後給予的達成獎勵贈品的折數，都會再降低個五至十％。

小王的技倆並沒有騙過所有的人，尤其是新竹某最大通路的採購單位，就完全看破了小王的技倆。話說這名採購平常也頗好此道，跟小王也算熟稔；小王每個月都會將這家公司少算的贈品，撥一半給這位採購人員，作為配合的謝酬。所以當小王單方面希望降低給付金額的時候，自然侵蝕了這位採購的利益，引起採購很大的反彈。

在採購多次與小王協調未果，又不甘損失原本應該屬於自己的利益採購後，這位採購居然將小王給予公司的進貨獎勵贈品，全數自行轉賣。他原本只是想逼迫小王吐出原本該給付的佣金，然後回補給公司，但沒想到小王卻認為，在大家都在虧空自己公司的同時，採購應該沒那個膽子掀自己的底……

最後，這兩個人都被自己公司給查獲，除了革職起訴之外，整個百貨通路的贈品收發制度也因此經過了一番改革——變得更嚴謹，但小王的故事卻也因此傳開，業界許多後輩群效尤者眾。

比薪資還高的交際費

第一種，業務吞掉採購佣金

早期業務在跑客戶時，常會回報公司「客戶公司的採購希望能索取回扣及佣金」，所以業務每年都會向公司申請一筆為數不小的回扣、交際費用！

但是自從電腦化、資訊化之後，這樣的事就很難再發生了。也就是說，現代通路的採購人員早已清清如水了——沒了工作比沒回扣來得更糟糕！可是，這筆交際費用至今卻仍在業務手上發生，而且還不在少數？

說到回扣的給法，多半是以下數種：

一、禮券支付：如百貨公司的無記名禮券，這種是比較安全的方式。

二、現金支付：傳說中的把幾十幾百萬的現金藏在水果禮盒裡。

三、匯款支付：理論上沒有任何一個人會用這種呆方式拿回扣，因為就算是匯進人頭帳戶，還是很容易落人把柄。

由於收受佣金的一方，通常都不願意留下把柄給人抓，所以自然不可能用支票或是匯款的方式來收錢。一般的手法，通常都是在支付回扣佣金的時候，公司先把款項轉給業務，然後再由業務經其他管道支付給採購端。

台灣早期量販店的始祖通路商，在量販通路的市場上獨霸一方，目前市場上所有的大賣場，都是這家通路商的小老弟；而這個通路走向的衰敗源頭，就是因為採購人員收賄太多。許多廠商在行賄之後，將公司內一大堆賣不掉的庫存貨都丟給這家量販店始祖處理，造成它貨物流通過慢，周轉不靈，最後就這樣收起來了。

這家店雖然收了起來，但許多從事生活百貨批發行業的人，對於大型通路商都產生了一個既定的印象，那就是：「採購的回扣是固定營業額的五％，不給不行！」

事實上，在這個通路商結束營業之前，業界就盛傳了一個說法。

許多老業務在跟公司申請了五％營業額的佣金，待這筆佣金從公司匯入到自己帳戶之後，只拿出了三％來購買百貨公司禮券或是直接以現金支付，其他的部分都落入業務自己的帳戶裡，而公司也無從查起——畢竟這種桌面下的東西，不管是採購，還是公司，都很難真正的核對得清楚！

而當這個通路宣告關門之後，「給佣金這件事」更替這些業務大開放方便之門！

畢竟一個舊通路的關門，隨之而來的就是新通路的誕生。業務只要跟上級主管說，這些新通路的採購，跟之前那個關門的通路採購都是同一批人，那麼公司的這筆錢，自然還是得撥下來！

想當然爾，新公司的內規一定比較嚴謹，而這些老採購剛到新環境，也不可能那麼敢、那麼明目張膽的收錢。加上，隨著競爭愈來愈激烈且新人輩出，這種陋習慢慢的就被時代的巨輪給剔除了，只是這些老業務，照樣跟公司申請佣金回扣費用，但這些錢多半都是落入自己口袋了！

只是這段時間，至少有十數年之久；若以一年一億的營業額來說，那麼這個業務從公司身上拿到的「額外獎金」，就有五百萬之譜，而且這錢是一筆永遠不會有人去查的黑帳，也查不出來的黑帳，因為沒有人會承認這筆錢的來源！

這個部分的行政漏洞，也造就了一小批千萬富翁，就算目前許多公司每年都必需要檢討成本，進而大砍交際費用，但這個部分因為算是佣金，所以最多只是降低成數。直到現在，這種現象仍然存在著，或許隨著通路費用高漲而降低了佣金的成數，但是，這個部分又有許多不肖業務，另外用「交際費」來報支，換湯不換藥，領得一樣多，而就算最後被抓到，其實很多連退休金都賺起來了，完全沒有損失！

另一種，客戶巴結業務？

業務額外的「佣金收入」，除了從給客戶的那兒扣下來之外，也有不少是客戶「主動奉上」的！沒錯，一般來說通常只有客戶給予採購佣金，但是許多握有單價自主權的業務，尤其是許多「上游原料廠」的業務，多半都享受著這種「客戶給予回扣」——客戶期待業務能給個漂亮一點單價的「優惠」。

事實上，原料廠的所謂的「正貨」，都有公告牌價，那些標準規格產品的「正貨」價格，是不能亂動的！但是，這些原料廠在生產正貨的時候，通常也會連帶生產一些品質稍微差的「ＯＦＦ料」（次級品），而這些ＯＦＦ料的價格往往就不列入公告牌價。

ＯＦＦ料的等級差異很大，有的原料是真的就是做壞掉了無法使用，但部分的原料或許只是比較潮濕，也或許只是粉塵較多。通常，只要稍加處理，其品質跟正品其實無異，加上既然沒有公告牌價，那麼這些東西的單價差距就有「很大想像的空間」。

這些價差空間，往往都是一些資深業務（通常都是主管級以上的）可以拿捏的，而且價格有時只有市價正貨一半不到的價錢；這些東西有貨、沒貨，除非業務主動告知，否則沒人知道，讓人有錢也買不到！再者，大家都想拿到價錢漂亮又好用的原料，所以，許多原料大廠的業務，往往是客戶爭相巴結的對象。

除此之外，傳統的原料廠對於下游的盤商客戶都會給予所謂的「進貨達成獎金」。也就是說，當客戶每月的進貨（或年度進貨）達到原料廠訂定的標準時，原料廠會以其進貨額做為一個基準，退給客戶進貨總金額五至十％不等的進貨獎金。

當然，每個盤商客戶都希望業務能將自己可拿到的獎金的目標訂得低一點，這樣就不必吃貨吃得那麼辛苦了！所以，基於OFF料和進貨獎金的部分，原料廠的業務反而都變成盤商客戶心目中的財神爺，巴結、送禮、送錢當然就不在話下了。

曾聽過有人因此能住在天母的高級地段，坐擁有游泳池的別墅，連一家老小的出國費用都可以打理到好；情節較輕的，一年三節多半也都有人匿名、秘密的宅配禮品到府，或是車上莫名其妙出現密封好的現金袋或百貨公司禮券。當然，你也從來沒見過有人拿著這些從天而降、來路不明的「禮物」到警局報案，因為彼此心照不宣嘛！

這種收受客戶端給予的佣金，通常只有最上游的「原料廠業務」才有的「福利」，尤其是許多國外大廠派駐到台灣辦事處來當業務的人。他們的議價空間往往都很高，而第一次交易的單價往往就決定了未來長期配合的價格，所以客戶端通常都無所不用其極的巴結、討好業務，只希望拿到一個很漂亮的單價，好創造「雙贏」的局面！

真品、山寨版，傻傻分不清楚

許多老公司的主管級業務，或許是因為本身就是開國元老，加上直接接觸客戶，深知客戶的需求，所以也會兼任後勤支援部門的部分工作。比方說，需要常到加工、協力廠商那裡，去協助驗收樣品的品質是否合乎標準；或者是配合客戶的需求，協助後勤單位，去尋找新的配合代工廠。

這些看似跟業務單位毫無關係、多出來的工作，表面上會增加不少工作量，但事實上，要是能夠這樣歷練個幾年，把成本計算、供應廠商評估、產品開發這些功夫都學起來，那麼，也就間接打下了自己當老闆的基礎了！

許多靈活性、積極性比較夠的業務，通常都會接下這部分的工作，自己尋找認為可以的配合廠商，再回報給公司內勤——公司內勤多半照單全收，畢竟大部分的人都怕麻煩事。

前面提到幾個業務一夜暴富的案例，那些想賺佣金的業務，手法粗糙的就直接跟配合廠商說明抽成成數；高明一點的就自行成立人頭公司，再報價給自己老闆；但還有一種更是出神入化，雖然風險較高，但利潤也是其中最高的。這種做法跟時下流行的「山寨文化」相當類似，也是目前山寨文化盛行的始祖。

幾年前賣場就曾經破獲，知名品牌的沐浴乳與香皂，在市面上出現大量與真品相仿的山寨版——外觀、外型、質地和香味都跟真品一模一樣，就連原廠的人員也無法辨視出真品、假貨的差別。

話說從頭

這家品牌的某位資深業務，平時工作認真又負責，還自願擔下許多原本不應該他完成的工作。比方說，開發代工廠這類的麻煩事，他也從不推托，在公司都是好好形象；在外，所有的通路窗口也都很信任他，看到他，就等於看到該品牌的招牌一樣，相當令人信任！但這樣的一位好人，最後還是因為跟公司在工作細節上產生口角，就被公司這麼大手一揮，一下子就砍掉了這位盡責又認真，且從來不「歪哥」的好業務！

這名業務原本家境就小康，他的這份收入是家裡經濟來源的主要支柱。突然沒有了工作，他也不知道怎辦！畢竟賣了一輩子的香皂、沐浴乳，別人看到他，也就只想得到香皂、沐浴乳。為了生存，他拿出資遣費向資遣他的公司進貨，打算做個小盤商生意，重新開始人生的一頁。

可是前公司的負責人員，不願意給他漂亮的價格，儘管價格再貴，他還是進了貨了。就在進貨的同時，他想著自己對公司認真負責了十幾二十年，公司對他無情無義，資遣他就算了，連他出來想自己做個小盤商混口飯吃，公司也完全不支持，只願意給他非常低的利潤空間，根本就無法養家活口。一時之間，他突然想起了，自己雖然這輩子就只會賣香皂和沐浴乳，但也協助了不少廠商進入公司的供貨體系，許多代工廠都對他非常感念，於是他有了一個新的想法……

由於跟那些代工廠都很熟了，部分代工廠也因為配合的條件談不攏，在合作一段時間之後就跟公司斷了聯絡。他突然想起了這些與公司斷了聯絡配合廠商，開始一家家的重新拜訪。

台灣很多中小企業的工廠，都是設立在農地上的鐵皮屋，雖然沒有合格的工廠登記證，但配方和機器設備都在水準以上，生產出來的成品跟合格工廠的沒有兩樣！於是，這名被資遣的業務找上了這些沒有工廠登記的廠家，告訴他們，公司發包的工廠出貨趕不及，需要他們這邊做些代工協助出貨，而這些小工廠也不疑有他，就這樣幫忙生產！

如此，這名業務人員每個月少量的跟前公司進個少少的貨，取得了合法經銷商的身分；然後，這些沒有工廠登記的代工廠又幫他生產了一大批商品。在所有通路窗口都認識這名老業務的前提之下，他的名字就等於這個品牌，加上他的報價，遠低於原廠公司的報價，所以他找來的那些代工小廠，一個月的出貨從少少的幾十萬，成長到每個月出貨上千萬！

過了一兩年之後，這家公司開始發現情況不太對了！

當外面的市調公司告訴他們，「該商品的市場占有率已經比往年還高兩成以上」的同時，這家公司的出貨量卻不增反減。這麼樣的一個統計數字讓公司的專業經理人產生了很大的狐疑，於是開始著手調查……從市面上收集回來的樣品看不出來有什麼不同，但是賣的價格卻比原本公司出貨的設定價格低了許多。

令專業經理人百思不解的是，為什麼這批透過盤商交出去的通路，單價如此之低？理論上來說，「殺頭生意有人做，賠錢生意沒人做才對呀！」世界上應該不會有任何的盤商，會買高賣低的自尋死路才對！

就這樣，當調查出來的市占率愈來愈高，但公司的業績卻不增反減時，他們僱用徵信社開始展開調查，而調查的結果也著實令人震驚！

原來，平常向他們進貨的這名業務盤商，居然利用自己以前的資源，在外面仿冒前公司的品牌來銷售！讓所有通路窗口更是吃驚的是，賣了那麼久的老牌子，若不是原廠跳出來反應，根本就沒人有辦法分別假貨和真品之間的差異。畢竟一瓶才一兩百塊的東西，包裝、香味、配方都一模一樣，加上這名業務之前的信用良好，大家誰也沒想到，這些非常便宜的知名品牌，竟是這名業務自己搞出來的「黑心商品」——雖然品質無異，但是畢竟不是原廠授權的，所以還是全面在各大通路下架了。

除了這個例子之外，國內一家知名的老牌內衣廠商，也發生過類似的情況！在大約二十年前，這支國內知名的內衣品牌，在全台各大百貨行可是必賣商品，不管是現代通路，還是傳統通路，台灣的二年級到六年級生，幾乎都是穿這個牌子長大的！而類似仿冒的情況也發生在這個品牌，差別只在於：這家公司的業務並不是因為被資遣只好另謀出路，而是一邊做業務賣公司貨，另一邊卻偷賣自己找人代工的水貨。最後被抓包，也是因為市調占有率的結果，跟實際公司的銷售數字「差很大」——市調的市占率高達八成多，但公司實際的出貨率卻只占五成左右。

這些人被抓包之後，開始轉戰中國大陸市場，在對岸做起當地的經銷商。當然，許多的操作模式也是像上述那個賣沐浴乳的一樣，少量的貨跟公司進，維持正牌的經銷商門面，但事實上卻另找代工廠，代工出一堆完全看不差別的「山寨品」。這種情況在台灣已經改善許多了，但在對岸，這種掛羊頭賣狗肉的手法相當火紅，許多品牌廠商對這股山寨文化實在頭痛，又難解決。

！再也不是秘辛

只要仔細聆聽客戶的需求，不需扒竊公司資源，一樣可以創業成功！

事實上業務創業，幾乎都脫離不了「原公司的資源」。有的資源來自於公司提供的客戶名單或老客戶，有的資源是來自公司上游的供應廠商。這些出來創業的業務，多半都成為原公司的競爭對手，若沒有創新及開發能力的話，到最後就淪為與原廠的價格做流血戰，但這種做法終究不是正途！

雖然說業務創業幾乎無可避免的會跟原公司的資源牽扯到，但是有些業務的內部創業手法就乾淨許多。首先，他們不銷售跟原公司同樣、同質性的產品；第二，對於原服務公司的帳務也處理很乾淨明朗；第三，不跟原供應廠商進貨。雖說如此，在不搶自己老闆資源的情況下，還是有許多人創業成功，而這些才是我們真正值得借鏡的榜樣！

手法正派的創業成功案例

工程塑膠這種東西非常的有趣，一支試用到終於可用的工程塑膠，其中往往都是混合了好幾種不同型號的材料，最終才調整出適合使用的「特殊型號」。當然，事實上在某些狀況下也不一定要那麼麻煩，有時候添加部分的「化學添加劑」，也能達到調整料性的效果。

一般跑工程塑膠的業務，大多都是在客戶有新產品要試模的時候，就提供許多支不同貨號的產品讓客人試，運氣好一試就成功，而且只要利潤還不錯，客戶往往就立刻下單了；但也有運氣不好的，試了幾十支料都沒辦法成功，那麼業務多半會放棄這家客戶，另尋高明的買主。

一位專跑塑膠成型廠，負責銷售工程塑膠的業務——小李，他跟其他業務最大不同的地方是，他是讀化學畢業的，本身就有還不錯的化學、化工基礎。每次在試料的時候，小李總是緊跟著射出師傅在旁邊觀察，看看最後失敗的原因究竟是什麼，是成品縮水率過大？還是潤滑度不夠等等，他都會將這些試料失敗的原因很詳實的記錄下來，然後帶回家好好的研究，或與研發人員討論原因。

最後小李發現，試料失敗的多數結論，除了材料本身的料性不適合外，其他都是加工過程的不順利。加工過程的不順利，大部分都在添加特定添加助劑後，就能解決了。於是，累積了部分「經由添加助劑提高成功率」的案例後，且在賣工程塑膠的同時，小李開始利用這些成功經驗，著手銷售自我品牌的工程塑膠之添加助劑！

一家射出廠會用的添加助劑其實非常的多，而多數在使用了之後只要用得順，幾乎都不會任意更換品牌及供應商。畢竟這些助劑的用量比重都非常少，一家有規模的射出廠，不會為了節省這些小小的成本，去負擔未來品質變異的困擾。

小李在替射出師傅解決了不少工作難題之後，得到了射出師傅的信任。因為他常常陪伴在射出師傅的旁邊並提供試料意見，慢慢的，師傅手上所需要用到的助劑，幾乎都只跟小李叫貨。於是，小李變成工程塑膠業界很重要的助劑供應商。當然，在小李發現其實他賣助劑就可以獲得不錯的報酬之後，就專職賣起自己品牌的工程助劑了。

小李這種創業模式，既不損及原公司的利益，也不用背著公司從事一些不甚光明的銷售手段，所以也就不會占用到原公司的工作時間。一樣是花那麼多試料的時間，他多去鑽研了業外的知識與「眉角」，就替自己打開了一條成功創業之路！

除了化工業外，這種創業手法在食品業也滿常見的。

大街小巷都有「美而美」這類的早餐店，這些店許多一開始都只是加盟店，但在加盟一段時間之後，因為加盟的進貨成本過高，便轉而自己找食材來賣！其中，就有一家專門供貨給這些早餐店的供應商，最早只是從賣番茄醬開始，進而發跡的！

一開始這名賣番茄醬的業務，單純是因為繼承了爸爸留下來的小型番茄醬攪拌加工廠，自己校長兼撞鐘的，在大街小巷的早餐店及快餐、速食店販售桶裝番茄醬。番茄醬是調味料裡中，量很大的一支產品，但就論利潤而言，卻是所有材料裡頭利潤最差的。就算整天花了十幾個小時都在應付客人的需求，送貨送整天下來也賺不了多少錢。

然而，在送貨的同時，偶爾都會有客戶問他：「車上有沒有美奶滋能順便給一點？」此時，他才開始向同業調點美奶滋來提供客戶一點小方便。但最後他發現，就算不是自己生產，向同業調與自己本業類似的商品來順便販售，也能增加不少的毛利。就這樣，他從只有一支番茄醬開始賣起，接著因為客戶需求，開始銷售起美奶滋及蛋黃醬，而在醬料的客戶慢慢穩定之後，他開始把目標轉向利潤較高的產品。比方說，漢堡肉及起司片等。

藉著這些原本就掌握在自己手上的通路，他變成了全方位的早餐食材供應商；舉凡蛋品、麵包、醬料、紅茶包到其他的涼麵、鮮奶、炸雞薯條等，都能一併給客戶最方便的選擇。進而，當販售的材料愈來愈多，生意愈做愈大之後，他開始利用自己掌握的貨源，從事輔導開店的工作，讓想從事早餐店又不想花費一大筆加盟金的朋友，也可以擁有整套完整的「早餐店開店菜單」，方便客戶選用購買。

成衣業大概是業務創業中最熱烈，且成功率最高的一個行業了！以款式來分的話，一般成衣有分為「流行款」跟「萬年款」兩大類。流行款的單價變動較大，愈新、愈潮的產品只要一上市，多半都會先開一個高價格來販售，但只要一到季末，很多甚至只要一折就可以買到了！

流行款雖然能賺取比較大的價差，但是做流行成衣的業者都會遇到一個共同的問題：庫存過高。通常，流行款的設計方向不一定能符合全部消費者的喜好，部分消費者不買單的款式，在降價求售之後還可能會有庫存堆積如山的困擾。

平價的萬年款成衣，例如一般的素色T恤或POLO衫，單價雖然偏低，但只要便宜好穿，品牌知名與否其實都不是銷售成敗的重點。也因為款式屬於安全款，產品也比較不會因為款式不合消費者口味，而有庫存過高的壓力，所以「自創品牌」的模式，在萬年基本款的成衣業這塊，也就相對的非常活躍。

坊間通路中，我們看得到的許多**POLO的成衣，這些各式各樣的POLO衫，其中許多都是之前市場上已經解散代理商旗下的業務。在公司解散之後，利用原本手上的通路資源，藉由原來的款式，找代工廠生產一模一樣的產品，然後掛上自己設計的品牌，就能重新販售。

雖說大家私下都知道，這個牌子仿的其實是美國的某國際品牌，但是經過那麼多年，許多人也見怪不怪了，加上一般的休閒POLO衫，材質都大同小異，許多人也不願意花上幾千塊去買一件所謂的「正貨」，以致於造成今日平價POLO滿街跑的情況。

此外，這些萬年不敗款中的成衣，又可劃分為內衣及外衣兩種。其中，外衣的款式變化比較多樣，偶爾還能從顏色、領口、袖口等小地方做做修改和設計。

然而，只要消費者不買帳，某些特別的顏色，最後還是有可能變成滯銷的庫存品。當然，過多的庫存就會造成資金的不流動，資金不流動就是業務創業一個最大的致命傷。

台灣早期遍地都是成衣代工廠，對於一些熟門熟路的老業務來說，要找家代工廠來掛上自己的品牌其實不難。為了不要積壓太多的資金在存貨上，許多成衣業務的創業方向，就會走向男性內衣款式——男性內衣不像女性內衣一樣變化萬千，商品幾乎不會因為款式或顏色而產生滯銷的情況。

這個創業的方向雖然毛利不高，但是迴轉快，加上商品都是基本款，今年沒賣完的明年還可以賣，比較不會造成庫存資金的積壓。所以，目前平價通路看得到的品牌，比方說UNI**、HANT**、**POLO、CRO***D**等，這些人幾乎都是從當初男性內衣褲襪的四大家族中，自行創業的平價品牌。雖然品牌不像大廠牌響亮，但在平價通路卻占有很大一塊的一席之地，年營業額也都是幾千萬甚至上億在跑。

很難想像的是，這些公司多半都是成員三、五人內的小公司，當初都是在原公司結束代理之後，自己去國外簽個品牌授權回來找人代工，或者是直接自創品牌。

而他們到目前為止都有不錯的成績，很少聽到有失敗的。

知識篇

【了解成本· 概念剖析】

現代的業務需要的是精準、果斷及明確的眼光，從各式報表及產業環境來評估自己有沒有接案的能力。

第七章 e世代業務要會分析，懂成本概念……

e化後，業務要有分析的能力

一般人都認為，業務的最重點工作就是將交際應酬的部分做好。懂交際、會哈啦的業務，業績一定嚇嚇叫，但許多老闆到最後卻發現，很多業務人員交際手腕一流，花了許多時間跟交際的費用，但是業績使終平平，到最後甚至會因為天天在外「交際」，給人很「混很大」的感覺！

隨著時代的演變，業務的工作性質早就不像以往的只重視「一對一推銷」的舊時代。

過去，因為網路不發達、資訊不透明，基於資訊聯絡不通暢的因素，業務必需透過經常性拜訪的這個手段，來達到觀察市場情報、客戶財務，在外庫存等管理面需要的重要資訊。所以，早期業務的拜訪是具有重大意義的，除了帶回漂亮的訂單之外，許多公司的參考依據，都必需仰賴業務在拜訪中所觀查到的一些表象中獲得。

新時代的業務重視的是效率與達成率，所以，將多數的時間花費在例行性、事務性的拜訪上，幾乎是無意義的舉動。現今的市場變化可說是瞬息萬變，許多客戶也幾乎抽不出時間來與業務慢慢泡茶、哈啦一些無關緊要的事。加上在網路發達，資訊幾乎是透明化的時代裡，絕多數的市調資料，幾乎都可以從一些外部環境的現成資料庫取得。

以目前所有的大型Ｂ２Ｂ交易而言（Business To Business），幾乎都建立在一個平台上，所有的下單、單價、數量、金額、庫存、出貨等資訊，網路上一覽無疑。更甚者，連競爭對手的單價、銷售占比、彼此之間市占率等，只要是稍有知名度品牌產品，網路的市調機構幾乎都查得到資料，而非成品市場的加工或原料市場，所有資訊也都能從國際報價公告及關貿網路上的進出口資料庫中取得。

也就是說，除了拜訪客戶外，能夠精準、快速的搜尋第一手公開資料，並從這些資料裡做出精確、精簡、有效的市場分析，迅速判斷下一步的進攻方向，才是新一代業務的工作重點！

在早期的人工報表作業中，許多數字往往可由「人為」控制，做出來的報表數字不一定很精確。在控管不嚴的情況下，有些數字或許是隨心所欲、憑空想像而來，很難防範有心人士提供不實數據，達到欺上瞞下的目的。目前除了部分「極傳統」的傳統產業外，絕大多數的企業在二〇〇〇年Y2K電腦主機更新時，都跟著時代潮流，將資料、資訊和電腦數位化了。現在，數字會說話的報表管理已經慢慢取代了傳統的管理模式，所以銷售數字、成本數字和毛利數字等，除了能精確的反應出實際產品的各種狀況，更是業務工作成果的真實呈現，也是業務客戶管理最方便的方法！

客情無用論

許多老一輩的業務會告訴你，客戶要多跑，跟客戶建立感情，這樣東西才能賣個好價錢、博個好條件。我只能說，或許三十年前真的是這樣的吧！畢竟那是一個有著濃濃人情味，加上資訊物流不流通的年代。

在這個資訊特別透明且流通又變化快速的時代，所有客人都具備著搜尋最低價的能力，所以，現代業務圈子裡流傳著這麼一句名言：「Low Price is Power！」可見，「單純的客情」在現代的交易模式裡，根本就是個屁！

基於上述理由，現今所謂的客情，已經變成在相同品質、價格、付款條件、服務，以及其他所有條件之下，客戶選擇去跟你買，這就叫作「很好的客情」了。其他的，只是用錢、用條件、用利益交換去換出來的，都只叫作「生意往來」。

所以，不要再相信砸大錢花時間跟客戶在那廝磨，就能拿到令人滿意的案子了。這年頭因為經濟不景氣，就連建築業這種酒店以往的衣食父母，許多老闆都對採購直接講明：「所有的交際費用，一律折抵貨款。」而那些曾經要求在中間抽佣的承辦人員，多數也都因為公司績效逼得緊，不得不把手中的回扣吐出，做為情商業務配合降價的條件。畢竟沒回扣抽比沒工作來得好！

現今少數會實際發生的交際費用，除了偶爾碰面吃個飯之外，就只剩公務機關少部分不肖驗收小組的「第二攤費用」，最多擴及到少數外銷國外客戶來台訪問的「夜渡資」，而這些部分跟以往那種總採購金額的五％作為交際費用的那個時代，根本就是九牛一毛，等同於沒有了！

也就是說，目前的交際費花在業務端的其實甚少，會發生的多數交際費用，其實是在驗收端。尤其業務一定要有一個觀念，那就是「絕對不花錢做無謂的投資，Low Price is Power！」

這年頭，許多利潤反而都建立在上游供應商的回饋上。

因為多數產品都到了一個成熟期的階段，市場價格有如一潭死水，與其冀望客戶能給予一個較高的購買價格，倒不如反倒要求供應商給一個漂亮的進貨折扣。坊間絕多數所謂的成熟產品，不管是原料還是成品，都存在一個所謂「進貨獎勵」的制度，也就是說，進貨進得愈多，上游給予的折扣也就愈多。當然，就算上游給的折扣再高，客戶一定還是要跑熟，只是說這年頭跟客戶的交情若好得不合常理，到最後絕對是給公司帶來負面的影響，沒有加分效果！

就像現在很多消費者，在購買心目中理想的產品時，多半會希望賣方價錢算便宜一點、贈品多送一點、保固延長一點。尤其自己是常去光顧的老店，一定能拗盡量拗，畢竟不景氣的年代，大家都希望能以比較優惠的價格，買到最最實用的東西！這部分對於業務圈子來說也是一樣的！

以通路業者為例，通路業者對於跑通路的業務，通常都是要求搭贈費用（等同於進貨折扣）及駐場代表（等同於幫通路請一個短期工供其使喚）等。每個通路或每個行業都在這些因為客戶要求，而必需額外支付的成本中，有著一定的行情。想達成交易，這個基本行情就必需要能達得到買方的標準。業務若只是勤於拜訪，卻拒絕支付這些額外的「市場行情費用」時，那麼過多的拜訪，只是讓買方覺得「業務不上道，愈看愈生氣」而已！

現代公司為了節省資源、油錢及出差費用，許多例行性的拜訪（如單純的報價）都變成以傳真機代勞了。報價單上面寫好交易條件，合則來、不合則散。一台傳真機可以抵上全省請十八個業務的費用，效果又好又省——啟動傳真後，只要確認對方有沒有收到，這就等於直接切入重點，毫不囉嗦！

而且可以發現，由於市場成熟，跟客人交情愈熟，最後拿到的條件往往愈差！交情愈好、認識愈久的老客戶，基於對雙方的深厚了解，更了解對方的底限，所以砍起價來反而都刀刀見骨。

所以，通常說自己跟客戶客情非常深厚的，其中多數往往摻雜著濃濃的「奸情」！

有人根本自己就是客戶公司的股東，進貨條件什麼的當然都好談；有的是用超低價將商品賣給客戶後，客戶再折一定的回饋給業務，業務業績獎金跟客戶佣金雙頭賺！

當然，一旦遇到業務每次都能以高於市價許多的價格賣出商品，而且貨量還不少時，也不用開心的太早！通常，會遇到這種願意以高於市價兩成買入商品的客戶，財務體質通常不良！同業一定有所警惕而不願出貨，不肖客戶極有可能打算先下一大筆訂單之後就賴帳倒閉。若業務在得知客戶財務不穩，在未收現金的前提之下執意出貨，就更代表業務跟客戶之間，絕對有著重重的關係！

因為業務在外就代表公司，而公司跟客戶之間在利益的立場上，絕對是對立的。公司賺得多就代表客戶賺得少，而客戶一但賺得少，對業務就有所怨懟。所以當客戶一昧的讚許業務人員，對業務人員毫無抱怨，刻意強調業務與客戶之間的客情很好時，絕多數的狀況，都代表著業務跟客戶有著深厚的「奸情」。

培養風花雪月的情趣

業務最基本的工作，就是推銷公司的產品。之前提到，很多人對於推銷的概念，還停留在以前那股酒店的應酬文化上，但這部分所說的「風花雪月」，跟酒家八竿子打不上關係。這裡的風花雪月，指的是要懂得「生活的情趣」！

一位業務正經八百的業務，絕對是討人厭的角色！

想想，有誰會喜歡固定配合的業務員，一見面就只會跟你談價格、談產品、談業績、談貨款。平常工作夠累了，這種正經八百聊起來就火大的事，還是留在月初、月底就好。平常若沒什麼特別重要的事，不論是見面，還是打電話拜訪，就聊點其他的吧！聊聊哪兒有好吃的日本料理；聊聊哪邊的美眉特別火辣；聊聊那個俄國vitus的高音域；聊聊最近騎踏車減肥的成果；聊聊最近大家股票又賠了多少錢；聊聊高球又進步了幾桿……

一個業務若不具有風花雪月的個性，就沒辦法跟客人東聊西扯、就沒辦法拉近跟客人之間的距離，當然，自然無法建立起那種「在相同品質、價格、付款條件、服務及其他所有條件之下，客戶選擇跟你買」的良好客情了！

人跟人之間聊得起來，多半是建立在相同的興趣及觀點上，所以，找客戶聊天必需要投其所好，聊些客戶有興趣的話題，而最好是一邊聊，一邊扮演著崇拜、支持的角色，才比較有機會在要說byebye的時候，遞上最新的報價及訂單，請客戶「順便」簽一簽。

一個業務風花雪月的養成，來自於平常無所事事的亂晃。也許晃馬路、也許晃網路、或許晃球場、或許騎個單車亂跑。所以，當老闆們看見自己家的業務，在績效都還有在程度之上時，上班時間偶爾在路上逛街喝茶，或是不小心在高球場上遇到，請拍拍他的肩膀說聲「加油！」因為，他正在累積平常與客人互動的本錢，並非只是一般尋常的打混摸魚。

這個部分絕對不是在替業務人員所為人詬病的打混摸魚行為進行開脫，而是培養高級的興趣。實際上，這是身為一個高階業務的重要手段。尤其是當業務玩的東西愈多時，代表他周遭所接觸的人士愈廣，尤其是在培養一些「高貴」的興趣時，其「玩伴」也通常都是一些實力雄厚的中小企業主。以這種「打混」來拓展人脈的效果，事實上，不比參加獅子會那種團體來得差。畢竟，球場建立起來的朋友，一定比商場上來得稍稍好講話一點。

當然，如何建立起廣大的人脈，撥空參加各種「吃喝玩樂」團體，也是一種很好的方式！

霸氣與堅持，決定業務的格局

業務一定要俱備中等程度以上的霸道，雖然這個部分許多人會持反對意見，畢竟長久以來大家都認為業務給人的印象就是圓滑且八面玲瓏。但是，經過時代的變遷，尤其是在毛利都愈殺愈低的年代，懂得堅持住生意原則的業務，才是企業最重要的資產！

當所有的客人都稱讚某位業務人很好、服務很周到、配合度一百分的時候，老闆就要小心了！畢竟做生意很難真正建立在「雙贏」的平衡上，生意的往來多半還是在一種「你多賺一塊，我就少賺一塊」的狀態下。加上現在的競爭多是毛利低，買方跟賣方的立場絕對是對立的。「皆大歡喜」這句話在生意場上只是理想狀態，畢竟誰都想多賺一點，而少賺的一方，往往就會產生怨言。

多數的業務在真正懂得如何霸道的堅守原則時，多半是在真正被倒過帳之後！

現在的生意交易多半都是信用付款，月結九十日已經算是基本的交易條件了！想想，賣方將貨交給買方去做生意，當月結帳之後，還得收一張九十日才能兌現的支票。這張票就算保證收得到錢，對賣方來說利息上的成本畢竟是損失了。

講白點，現在已經是個「賣方借錢給買方做生意」的時代，既然如此，為何不能強勢？若不是現金交易，那麼就當是賣方借錢給買方做生意，交易條件如何，本來就應該賣方來訂定，遵守賣方的規則——要就來，不要就拉倒。除非現金交易，否則客戶漫天喊價的時代，已經過去了。有些獨家或寡占生意更是如此，不必卑躬曲膝。

當然，這年頭還是有很強勢的買方，尤其是掌控通路的買方依舊還是很強勢，但對方強勢，絕對不代表可以予取予求！絕多數的強勢只是虛張聲勢罷了的你來我往。賣方的業務一定要謹守公司給的底限，畢竟公司給的底限一定都是經過審慎討論出來的結果。底限只要失守，除了做賠錢生意外，很難避免買方軟土深掘，未來再提出更不合理的要求。所以當底限不被接受，那麼大家就是握握手，繼續風花雪月，等待下一次合作。

現在很多客戶在砍價時的姿態，已經進化到「極度賴皮」的階段，不僅欺負那些不懂得把守自己底限的業務，還到處破壞市場行情。許多客戶在達不到自己無理的要求時，往往會直接致電給供應商，抱怨其業務「配合度不佳」，來達到自己的目的；有時，某些公司高層，甚至老闆階層，在接到客戶的抱怨時，若也不懂得堅守底限，立刻放低條件來配合客戶需求，將之前訂給業務的底限忘得一乾二淨的話，這種高層更應該打屁股。因為最後的結果，就是造成業務得不到客戶尊重及信任。

事實上，多半的客戶會「向上抱怨」，提出不合理要求的，都是所謂的「嫌貨才是買貨人」。若客戶對產品的需求不高，大可因為單價問題拂袖而去，不必緊咬著「向上抱怨」，進而爭取理想中的條件，所以當遇上這些「拚命抱怨，卻還是想買」的客人，最好的策略就是「有所堅持」！這種狀況一旦發生，除了主要負責的業務窗口之外，公司的業務高層，甚至是老闆，都要給予業務最大的支持，堅守公司立場，不讓客戶予取予求，才能得到合理的利潤與報酬。

現今市場的倒閉風潮很盛，收不到錢的情況比比皆是。收得到錢的案子，絕大多數的配合條件也都不若以往，所以目前市場上做生意的原則，已經由以前的把量衝得愈高愈好，慢慢變成以「利潤」為中心的導向了。賣得多已經不是主要重點了，利潤不夠只是把公司的現金流量給壓死而已。所以，業務拒絕對方不合理的條件，不做虧本生意，對總體營運而言反而是有益的。至於最強的業務，必需是擁有讓對方「半推半就」下答應自己條件的霸性，如此才能維持公司合理的利潤，不致讓自己失血太多！

事實上，這股霸性，也是成就許多業務最後走上成功創業的一股不可或缺力量！

一個真正積極的業務，骨子裡多半有股創業的熱血。業務圈子有句老話是這樣說的：「不想創業的業務，絕對是很爛的業務！」畢竟積極的衝勁是業務工作必需得俱備的熱情，而這股熱情延續到最後多半就是走向創業一途。如何能穩仵開創出來的版圖，堅定的堅守應守原則的這股霸性，將是決定創業成功與否的關鍵！

建立成本概念，才是王道

許多業務讓人詬病的地方，就是沒有成本觀念！

雖然公司不會讓業務知道真正的產品成本，但是絕對會給業務一個底限的售價，只要在這個底限以上的數字，都是可以不用報備就直接銷售的價格。但也因為這樣，許多業務正因為公司已經授權了，便不管大小客戶，不論交易條件，一律以底價賣出，以求薄利多銷。

事實上，以底價來銷售倒也不是什麼大不了的事，畢竟是公司授權。但業務在銷售產品時，往往會花費許多「額外」的成本——請客吃飯是成本；外出拜訪的時間及油資是成本；電話交涉是成本；團隊的配合投入，就連票期被延長了五天、十天，都是成本。但是許些平常不知不覺流逝掉的成本，卻是吃掉銷售利潤最大的隱型殺手！

一般業務在爭取一個案子時，最常見的手段就是「死纏爛打」或「降價促銷」。死纏爛打或降價促銷的結果，要嘛就是浪費太多時間而案子還是沒爭取到；要嘛就是爭取到了，最後發現是賠錢的專案！

有成本概念的業務在爭取案子時，往往在第一時間就會計算此一專案的各種成本及條件，評估自己是不是有這個能力，或是這個案子值不值得自己花時間及成本去爭取！值得，就一次砸下同業不敢砸的重本誓死必得；若不值得，一時間就瀟灑揮揮衣袖，跟對方握握手做朋友，期待下次再相會，不要浪費太多時間——因為時間就是金錢，不做無意義的死纏爛打！

時間就是金錢，加上每個業務的背後都必須背負著一整個後勤支援單位的營運成本。所以，所謂的成本，不單單只有進貨及加工的成本，必須是將辦公室租金、水電、助理小姐薪水、自己薪水、會計財務、研發企劃及老闆等一干人員的薪水，以及交際交通費等都列入計算。對於毫無把握的案子，以死纏爛打的手法苟延殘喘的拖著，絕對不是明智之舉。

現代的業務需要的是精準、果斷及明確的眼光，從各式報表及產業環境來評估自己有沒有能力接案，並在案子中為公司賺取到利潤，才是真正有實力的業務！

第八章 業務入行方法和薪資大剖析

傳統石化化工業

通常來說，傳統石化化工業都很喜歡任用社會新鮮人，絕多數的公司都會在畢業季之前在報紙上刊登徵人求才廣告，然後統一辦理集團招考任用。許多企業自己也開設了不少大專院校，好用又耐操的人才更是在實習課時就被相關部門給預訂了！除了相關企業自己設立的學校外，多數老牌的石化化工業，雖然表面上沒有講明，但是實際任用人員時，一般只任用國立大專院校日間部畢業的學生，若不是排名前端的國立學校，那麼進入企業體的機會就不是那麼容易了。除非內部有「長輩」任職或透過高層關係引薦，都是比較容易進入裡頭任職的一種管道。

目前絕大多數傳統石化化工業，尤其是在製造業這一段（非進口貿易商），業務的工作型態多半是辦公室內接單及報價，鮮少到外頭開發拜訪。畢竟老公司老產品了，加上都是跟著國際行情跑的強勢原物料石化產品，產品品質相當穩定且變異不大，裡頭的業務部門職稱也很少是直接掛「業務」，負責業務的人員一般都稱作「營業人員」，而其工作內容，光是每天客戶網路線上下單和接傳真訂單，就忙到手軟了！

比起開發能力，這些營業人員更需要的是對帳及管理、出貨的能力，另外這些營業人員必需熟讀所有產品的目錄及產品特性，以解決客戶在加工時候所遇到的困難。也因為這些業務人員的工作型態都比較屬於內勤，外出的機會一般來說也都不多，真有拜訪客戶的案件，多數都需要經過事先申請，所以打混摸魚的機會，少之又少。

其中比較特殊的，是一家有「南霸天」之稱，在台灣數一數二的石化業。這家公司的業務人員，大部分都統稱「服務工程師」。由於產品品質優良且穩定，且為了提供客戶更優質專業的服務，裡頭面對客戶的業務窗口，絕大部分都是從工廠生產線裡，調任對於產品製程非常熟悉專業的工程師來做；也因為這些人有著充份完整的實務經驗，提供了許多寶貴的意見讓客戶參考，奠定了這家石化產品在全世界數一數二的地位。

若真有心要成為這家公司的業務窗口，直接面試的機會真的不大。有機會的話，先到工廠窩著卡位，慢慢培養自己的實力，才有機會被調任。

一般的化工產品貿易商業務，進入的門檻就沒有那麼高。許多小型的化工行，只要有經驗，許多公司都能接受高中職學歷的人員，不過，工作就比較偏向在開發客戶上了。

通常，公司都會給業務人員一疊厚厚的客戶名單，名單的來源通常都是電話簿裡的黃頁，或是工商報章雜誌裡收集來的廣告名單。這些客戶名單絕大多數是公司沒有交易紀錄的，而有交易紀錄的，幾乎都掌握在老業務手上了。這些在化工業工作的業務就是俗稱「小蜜蜂」，他們一般的工作流程是：早上翻著目錄打電話確認可以拜訪的客戶家數，然後下午就帶著目錄跟樣品出門拜訪了；拜訪的型態比較屬於挨家挨戶式的，而且就像「小蜜蜂」一樣，多半騎著摩托車大街小巷的穿梭。

當然，也因為這是屬於外勤的工作，所以時間的掌握相當自由。不管怎樣，老闆時間一到都會趕人出門工作，如同蜜蜂一般，日出採蜜，日落歸巢。只要業績達成，或者是就算沒達成，但看起來也相差不遠的，公司通常都不會盯得太緊，而這類的業務生活也都滿多姿多彩的。

就薪資來說，大型傳統石化業自有其公司制式化薪資計算標準。多數的薪資計算標準，底薪其實都偏低，然後公司會給予許多明目上的津貼。所以我們常看到，每次到了要發年終獎金的時候，大型石化業動輒就是領六個月，其實也不必太羨慕！畢竟他們的底薪都滿低的。以一般大學畢業生來說，底薪可能都只有兩萬出頭塊，但是加上各種名目的津貼，總收入都算比一般新鮮人高上許多。

工作比較偏向內勤的業務，交通津貼通常補貼得少，甚至都只有行情價一千八百元（一個月），而且只補貼上下班的部分，其他的交通津貼，可能都得專案申請。這類的業務薪水都很固定，一般來說不會有高額的業績獎金，但是以總體年薪來說，做滿三年以上的營業人員，年薪百萬比比皆是。

小蜜蜂的業務工作，由於天天在外頭跑，公司在交通費用上就給得會比較寬鬆。一般的標準是會配一台公務車，沒配車而要求自己備車的，公司會給三千六百至六千元不等的車輛津貼，而油資一般來說是實報實銷。通常而言，小蜜蜂的薪水變動比較大，獎金會占薪資一個比較大的部分。一般來說，交通津貼跟油資的請領，一個月約為一萬元，而薪資底薪的部分多為兩萬餘至三萬不等，獎金會隨著業績高低而定。一般看來，在目前比較知名的化工業做小蜜蜂業務的，平均三年以上的年薪約為七十萬至一百萬上下。

這類傳統產業的共同優點就是，業務的工作時間，除了偶爾為之的夜間應酬外，絕大多數的上下班時間都滿正常的，應酬也不多；工作型態算是比較穩定、固定。傳統產業比較不會發生夜夜昇歌、夜不歸營的現象。

百貨通路業

通路業業務的工作多半都是在各大百貨、賣場及連鎖店巡視，以及舉辦或配合各式的促銷活動，工作的內容很少是那種面對面的推銷，加上公司多半會投入許多廣告費用去打自己的品牌，而且品牌對於消費者來說具有一定程度的號召力，所以許多傳統的外商通路業也是很多人嚮往的工作。

通路業務晉升，一般分成三種階段。以社會新鮮人來說，通常都從賣場「陳列人員」、「配送調貨人員」開始做起。多數的品牌商很重視自己產品在賣場的陳列狀態，陳列狀態的好壞，直接影響到消費者對品牌的觀感。

對於陳列及調貨配送工作已經熟悉之後，公司通常會給予比較重的任務，也就是開始負責、熟悉賣場的市調與促銷談判。由於在賣場陳列工作做了一段時間，跟賣場人員也都培養了部分的默契與熟識度，接下來就開始晉升到區域性的促銷談判。一個業務負責的區域內，通常有數十家店家，如何在這數十家店家中安排促銷活動，又不會彼此互相打擊到鄰店的業績，就是業務很重要的課題與任務。

當區域性的工作也做到熟悉之後，接下來的晉升就是與通路的總公司協商年度合約及安排全國性促銷的檔期了！這時，除了控制促銷檔期的連續性外，整個通路的價格控制、出貨安排和費用控管，都是業務很重要的工作。畢竟一般民生必需品的需求量都很大，隨便一個全國檔期的業績都是以千萬為單位，只要費用稍稍沒有抓準，很容易就會面臨虧損的狀態。

國內兩家最大的百貨外商，每年都會舉辦培訓「儲備幹部」的計劃。要進入這兩家數一數二的外商公司，學經歷方面的要求幾乎都是國內外碩士以上，而筆試及口試的內容，很多都必需直接以英文作答。經過「儲備幹部訓練計劃」被挑選至業務部門工作的，多數還是得從賣場陳列開始學習起。當然，裡頭也有部分的業務人員，並非由儲備幹部做起，而是從他們品牌在賣場裡的「約聘陳列員」直接晉升的；只是，這部分的人數算是裡面的少數中的少數，但也不能完全說沒有。

在陳列人員部分，許多公司目前因為人事、財務縮減，不少臨時性的陳列工作都已經降低到時薪一百元上下或以固定日薪計算了。固定薪資的業務陳列工作，薪資約在兩萬五千元上下，交通費依每家公司政策不同而異，但補助不多。

外商在正職的區域促銷業務談判人員裡，年薪至少都有六十萬以上。比較高階的，可與總公司談判的部分，月薪十萬以上比比皆是。但是外商非常重績效，許多勞僱合約，多半已經改成一年一簽了，尤其是掛到區域經理以上職等的，很難回到像以往那種在公司等退休的榮景了。

國內許多老牌自有品牌商的進入門檻就稍稍低了些。畢竟百貨業是傳統老行業，許多主管自己以前都是從送貨司機起家；以國內一家專做清潔及除蟲藥品的品牌商來說，他們的業務都需要有小貨車的執照，就算到今日，其工作的型態也還停留在業務兼司機物流，自己配送貨物的階段。這些身兼物流的業務司機，在旺季（大月）的時候，月薪甚至可以領到七、八萬元；平日的薪資在公司配小貨車及油資實報實銷的前提之下，至少也都能領到三萬五千塊以上。不過這可是很累人的工作，畢竟貨物的運送，一箱箱搬來搬去，都不是件輕鬆的差事！

其他的品牌商，一般業務含交通費的薪資大約在三萬塊上下，工作的內容大約也都是巡視賣場、陳列補貨等。幾家比較大的食品廠及清潔用品商，當業務有促銷談判能力時，薪資會提高至四萬上下，但相對的，壓力也會提升許多。不過資深業務比較不會需要從事太多的陳列工作，工作的內容會轉變傾向管理及促銷談判方面。一般中小型品牌通路商，總公司談判多由老闆或少東主去談，所以要晉升到可以獨當一面，就不是很容易的事了。

獎金的部分，愈大的品牌，獎金給得愈少且愈薄弱。因為品牌有其固定的號召力，業務的功能相對不是那麼大。許多知名品牌，就算陳列位置不明顯，客戶仍會自己去把所需的商品找出來，而大廠的業務通常只要負責把單價穩定好，促銷方案有定期排定，只要大環境不要太差，業績自然就不會差到哪兒去了。

百貨流通業的工作時間平時都滿固定的，反而在假日常有必需到賣場加班的情況。一般的促銷活動幾乎都在假日進行，而業務通常都得到場協助活動，或是巡視各活動點。當然，平日沒有活動的時候，多數的工作內容都很像在逛大街，所以假日就得多分擔一點。通常，在從事通路業一段時間後，多數的業務都會視逛街為畏途，畢竟平常工作的時候，幾乎都是在逛（巡視）賣場。

電子製造業／資訊業

台灣大部分的電子製造業多半在OEM及ODM這個部分著墨較深。若是直接面對國外系統廠商的業務，外語能力是必需的；若是直接面對國內系統廠商的業務，外語能力或許不是必需，但是基本的模具、射出、表面處理等能力，就是必備的了。

電子製造業業務的工作內容，相當大的一部分是參與客戶產品的開發！當客戶欲開發新產品時，業務必需第一時間掌握客戶新品的開發需求，在最短的時間內拿到模型圖或3D圖，然後進行估價。再者，由於許多電子大廠對於配合的供應加工業者，都有許多規範和限制，所以業務對於各種規範（比方說GP環保標章等），都要有深入的了解，才能提供合乎客戶規範的產品。

電子製造業的報價與工廠的良率有很大的關係，所以業務必須花很多時間，去了解工廠生產產品的過程，隨時掌握良率升降的最新訊息。當然，廠內的良率提升是廠長要負責的部分，而業務要負責的部分，就是如何提高「驗收端」的良率。在驗收的這個部分，多數的電子加工廠在驗收的時候鮮少會「全檢」，而都採用「抽檢」的方式。所以業務的重點工作之一，就是掌握驗收部門的驗收方式與驗收標準，以避免生產出來的產品面臨被驗退的窘境。

基層的電子業業務員，一開始的薪資約在三萬至四萬元左右（含交通費），工作時間為責任制，工作內容多為送樣、測試、送檢等。比較高階的業務，通常都具備開模及多種品管認證的能力，當然，薪資就會隨著三級跳。一般來說，高階的資深業務，月薪八萬以上都算是一般薪資，而且公司還會包辦機票跟國外參展等出差費用。當然，高階的業務人員，除了平日工作是責任制之外，許多星期六、日多半也都要犧牲給公司，畢竟國外和國內的客戶都有時差問題，所以業務的手機幾乎是要二十四小時 On Call。

資訊業的業務薪水跟電子業差不多，工作型態多為抱著一台NB到處給客戶DEMO示範軟體操作。尤其在二〇〇〇年Y2K危機時，資訊軟體業務好做的程度，幾乎是「人在家中坐，客從天上來」。但也就是因為主要工作為「銷售一些能協助客戶軟、硬體系統穩定的商品」，所以到了今日，在多數客戶的軟、硬體都已經更新到一個很穩定的狀態時，客戶的購買誘因消失，業務的存在價值就顯得岌岌可危了。

因此，許多資訊業業務人員慢慢轉型為所謂的專案經理（PM），今日多數的資訊業業務，除了銷售軟體以外，負責搭配品牌套裝電腦出貨，以及替業主規劃企業流程和 costdown 方案，已經是專案經理的必要工作，而深入了解大型的企業用戶及公家單位的標案流程，更是 Top PM 的必備絕活。

現今的資訊業已經不單單只要負責好資訊程式設計的部分，而是要以全包式的服務，一次提供業主所有的軟、硬體解決方案，從最小的PC電腦維修，到整體的e化系統建置，甚至是操作人員的訓練等等種種複雜的大小細節，都是PM專案經理要掌握的部分。

成衣紡織業

成衣紡織業務大約分成兩大塊，一塊是做成品成衣，另一塊是做配件布匹。不管是成衣還是布匹，業務成功與否的關鍵，都在於產品品項。也就是說，能否跟得上流行的款式和花色。一般來說，十個款試只要中個兩款以上，幾乎就能打平收支了。所以，早期迪化街能開布莊、賣布匹賣到變成數一數二的富豪，在當時的大稻埕一帶，也不算是什麼大不了的新聞！

大部分成衣紡織業界的業務，多半需要紡織、服裝等相關科系畢業，工作內容其實跟電子業的業務差不多！畢竟國內多數廠商都還處在代工廠階段，自有品牌相對是比較少的。代工OEM廠的業務工作，多數是收集客戶需求的資訊，再回報給公司，然後由公司後勤設計部門打樣完成，再給業務交付客戶審核，審核通過就做成生意，審核不過就下次再來。

自有品牌的業務就必需直接從消費者身上來收集資訊。事實上，擔任白有品牌的業務人員，其工作角色會比較像「行銷」。畢竟，大部分的銷售、鋪貨，不是在連鎖通路，就是自有的專櫃門市。業務工作絕大多數都是在收集市場情報回來給公司參考，每天大部分的行程，多半是店鋪訪察、消費者行為觀察、貨品調度、同業資訊訪價、市調和專櫃門市人員的教育訓練等。

許多自有品牌的業務人員，多數都是由銷售業績很好的門市，其專櫃小姐直接晉升任用，或者任用有相關經驗的工作人員。一般來說，比較少直接任用沒有經驗的自有品牌成衣業務。

布料配件這些比較屬於原料端的紡織品業務，許多都有設計師的底子。就算不是設計師，多數也都是紡織、服裝相關科系畢業，而美工相關科系畢業來從事這個行業的也不在少數。畢竟不管是服飾還是布匹，多少都牽涉到美感及藝術的部分，加上人們對於衣著類這類外在裝飾的需求，多半也都是建立在所謂「美」的成份上，所以這行的從業人員，多少要對於美術方面有天分及靈感。另外，還要有縝密的心思，太粗線條的人，是不太適合在這個行業做業務的！

成衣業界的薪資水準差距相當大。初級業務人員的任用，起薪通常都很低，許多都只有兩萬多元之譜，車馬費的部分就得看個各個公司給的標準，有的甚至只給付摩托車的車馬費用。通常，規模愈大，愈是走平價通路路線的成衣紡織業者，給付的薪資水準就愈低，畢竟公司走得是薄利多銷的路線，業務的業績壓力相對的來得小——客戶多半會自動上門（如一般平價內衣褲等）。

走高單價路線的成衣或布匹，因為小量生產且貨量不多，業務有時甚至得提供精準的市場眼光，以協助款式及花樣的選擇。這類具有設計師底子的高階業務，薪資通常高到很難用一般眼光來評斷。畢竟這個部分算是「時尚」領域，所以「品味」是無法用價格來衡量的！

不過很有趣的是，身為成衣紡織業界的業務，不管賺多賺少，薪資的一大部分，通常都還是奉獻給公司或同業。畢竟身處流行品味的前端，很難在花花綠綠的世界讓自己「一身樸素」，通常愈是往時尚界靠攏的成衣業務，薪資雖高，卻也往往「入不敷出」。因為除了成衣以外，隨身的皮件、手錶、鞋和首飾等需求，都會接踵而來，就算能用同業或員工價購買，但金額長久累積下來，也是一筆非常驚人的費用！

食品業

食品業的範圍很廣，對於業務人員的資格要求比較沒有一定的限制。多數食品業業務都是半路出家，而且大部分公司都會要求需要有小貨車執照！

多數的食品批發業者都有自己的物流配送系統，業務兼司機的情況非常普遍。除了一般食品成品在平價連鎖通路販售之外，其他設立在大街小巷的平價小吃店或高級餐廳等，都是食品批發業業務所要服務的客戶！

由於不景氣，許多店家開店沒多久就倒閉了，所以收款是食品業業務的工作重點！

一般來說許多小型的小吃店都是貨到結現，這個部分通常不會有問題。比較擔心的是，很多一窩蜂開新店的業者，比方說連鎖蛋塔店、連鎖蛋糕店、連鎖冰品店、連鎖燒肉店或連鎖火鍋店等，這些連鎖店家仗著一開始人多勢眾，喜歡以量制價壓、低貨款也就算了，多數商家連付款期限也至少要一到兩個月以上才結一次帳。

如何跟店家催貨款，特別是在客戶發生財務問題之前就做好不要出貨的準備，著實考驗著食品業業務的生意智慧。尤其是那些一窩蜂設立的流行連鎖店，許多連鎖業者一開始就抱著「大賺一筆加盟金」後便一走了之的心態，造成許多食品業者的呆帳產生。所以，食品業的利潤其實並沒想像中的豐厚，尤其只要被以量制價的連鎖店，倒上一次帳，幾乎就等於做兩、三年白工！

因此食品業的業務最重要的工作重點，就是時常拜訪客戶。就算客戶沒有叫貨，也必需常到客戶的店附近觀察觀察，看看店家生意好不好、老闆忙不忙，有沒有黑道鬧事強索保護費等，得時時刻刻進行客戶風險評估！

食品業是非常傳統的老行業，其薪資水準也在一個很穩定的狀態。一般新進業務人員若有兼任司機，起薪大多都有三、四萬塊，獎金另計。多數食品批發業的工作時間跟一般人不太一樣，不是極早（凌晨三、四點上班），就是極晚（傍晚四、五點）；除了部分走一般平價連鎖通路的業者外，其他的批發業者，通常都要配合餐廳開門的時間工作。加上所運送的食材都有一定程度的重量，搬運起來也相當吃力，所以起薪會較一般業務來得高一些。

有心在食品批發業打拚的業務，其實很有機會最後自己跳出來當老闆。畢竟不管景氣好不好，人都是要吃，只要掌握了合理成本、大批進貨來源，加上對市場熟門熟路，東西一定不會賣不掉，所以在食品批發業界，業務自行創業的風潮也算是非常盛行的！

不動產業、保險業、直銷業

這幾年不動產業積極的在新鮮人市場上招募新血，加上不動產業給予新人的條件也都算不錯——大學畢業起薪都有四萬塊且保證可領六個月，所以在業務圈子裡，算是條件滿優厚的一條路。

雖然起薪頗高，但此一行業幾乎沒有休息時間，上下班的分際並不是非常清楚。往往早上九點到公司報到後，或許會閒閒沒事做，得到處去外頭收集屋主的資料；但到了晚上，就算對方要到夜間十一點才有空看屋，也得把時間空出來給客戶；尤其是假日，更是忙到一個不行。也許平日就不一定走得開了，所以這一個月四萬塊，是必需建立在二十四小時 On Call 的狀態上。

事實上，不動產業務最賺錢的一個部分，還是建立在買低賣高上！雖說業界一直否認這個部分，口頭上也還是表明只替雙方做仲介服務，但事實上，真正厲害的業務，往往在看中「價廉屋美」的物件時，自己就是第一個下手做屋主的人了，而會流落到市場上真正「仲介」的，通常都是價錢頗硬、談的空間有限的「行情價」物件！

當然，也不是每個人都如此眼光精準，每次都有好物件可以轉賣。許多初入房仲這行的，雖說初生之犢不畏虎，但往往都因為心浮氣燥、過份自信，而做了錯誤的投資，一賠就極有可能就賠上一輩子！（這也是房仲業者很令人詬病，卻因市場需求而必然存在的一個部分。）

說到房仲業，就不得不說到保險業！相對於房仲業者還會開出保障月薪六個月薪資的優厚福利，保險業界在無底薪的條件下，還是吸引了無數人投入了。雖然沒有底薪，但保險業優厚的抽佣制度，只要初期能拉些部分親友買張保單，要賺到一個月四萬塊的獎金，倒也不是什麼困難的事。

事實上絕多數的個人保險市場已經飽和，現今的保險業務員在銷售的物件，多半都是投資型的產品。雖然這些產品的退佣很高，但事實上卻必需達到一定的銷售額度後，才能領取更高的退佣，所以許多的保險業務員，有時為了賺取更高一階的抽成，自己往往也得買上了許多物件。但在這波金融海嘯的侵襲之下，許多保險業務員的努力，也因為投資失利，到頭來還是成了一場空！

也因為個人保險市場逐漸驅向飽和，保險業務員已經不能像以往一樣只針對親朋好友做銷售了！目前，在徵員的通訊所，多半也都會挑選具有一定身家背景的新人來加入保險的團隊。比方說醫生、企業家第二代、會計師等。畢竟在市場飽和的狀態之下，個人亂槍打鳥式的推銷已經不合時宜，具有特定身份的人士，因其身份地位的原故，比較容易獲得客戶的信任！

例如醫生銷售壽險及醫療險，企業家少東用公司資源銷售公司團保、意外險、產險等，而會計師也能利用自己的專業，給企業產險及其他投資保險避稅的建議，而這些特定人士因為本業的專業，比較容易獲得客戶的信任而加保。所以可以發現，這幾年來異軍突起的成功保險人士，往往都具有其另外的專業背景，而不是單單只是保險業務人員。少數通訊處的資深業務，都是靠著三吋不爛之舌，遊說這些專業精英人士加入保險的行列，為自己壯大旗下版圖，而成為年度風雲人物。

保險業的業務人員，其佣金來源雖說是從保費中抽佣，但抽佣的比例會隨著投保的年限而降低。也就是說，只要不停的開發新保單，叫客戶買新的保險，才能賺取更多的佣金。若客戶都沒有加買其他新的保險產品，只要超過五年，業務能抽到的佣金就幾乎是微乎其微。所以許多保險業務員都會時時提醒客戶要購買新的保險，尤其當新的險種推出時，業務員幾乎是拚了命狂推。有的不肖業務員甚至會請自己的客戶把已繳交多年的保險停掉，改買新的險種，進而造成了許多保險業務員跟保戶之間事後有了理賠糾紛。

既然說到了保險，就不能不提到直銷業

不能否認，這世界上還是有不少優良的直銷公司存在，但多數的直銷業務，還是都有給人「洪水猛獸」般的印象，甚至想「鞭數十，驅之別院」——坊間真的就是存在許多有如詐騙集團的直銷公司，這些公司通常都將第一批庫存丟給下線之後，什麼獎金都沒發到，就自動解散了！

事實上現在所有的生意，包括直銷，都很難亂槍打鳥式的推廣了——不管是不動產、直銷、保險都一樣。若先天不俱備廣大的人脈，那麼想在這幾個行業混得有聲有色，都不是那麼得容易——多數人在往上爬的過程中，往往很容易陷入「自己屯了太多貨而資金周轉不靈」的現象；錢還沒賺到，自己就先倒了！

而這幾個行業存在的共同現象，都是「一將功成萬骨枯」，若沒辦法踩著別人的頭骨往上爬，那麼自己就只有變成頭骨讓人踩的份了。

！業務真心話

房仲、保險、直銷這三種行業，都是業務圈子裡比較屬於高風險的部分。雖說最常招募沒有經驗的新手直接投入，但是也是所有業務老手，最不建議有心從事業務的初心者直接投入。畢竟在所有的業務眼光、技巧和基本功都還沒有培養完成時，就直接進入了一個看似高報酬，卻容易令人眼高手低、心狂意亂的業務環境，對於業務功力的養成，多半是有害無益的。

當然，不可否認的其中有著許多成功的案例，這些案例的光環都是那麼的閃耀著。但奉勸初心者的是，這些都不是一蹴可得；這些業務的成功，往往都付出了常人無法付出的努力、時間、金錢及精力，而光是「金錢」的這個部分，就不是初心者可以一時之間能拿出來的。

業務力：銷售天王vs. 三天陣亡

作者	楊子英
發行人	林敬彬
主編	楊安瑜
企劃編輯	蔡穎如
內頁編排	帛格有限公司
封面設計	Chris'Office
出版	大都會文化事業有限公司 行政院新聞局北市業字第89號
發行	大都會文化事業有限公司 110台北市信義區基隆路一段432號4樓之9 讀者服務專線：(02)27235216 讀者服務傳真：(02)27235220 電子郵件信箱：metro@ms21.hinet.net 網　址：www.metrobook.com.tw
郵政劃撥	14050529 大都會文化事業有限公司
出版日期	2009年9月初版一刷
定價	220元
ISBN	978-986-6846-73-1
書號	Success-041

First published in Taiwan in 2009 by
Metropolitan Culture Enterprise Co., Ltd.
4F-9, Double Hero Bldg., 432, Keelung Rd., Sec. 1,
Taipei 110, Taiwan
Tel:+886-2-2723-5216 Fax:+886-2-2723-5220
E-mail:metro@ms21.hinet.net
Web-site:www.metrobook.com.tw

大都會文化 METROPOLITAN CULTURE 大都會文化

國家圖書館出版品預行編目資料

業務力：銷售天王vs. 三天陣亡 / 楊子英著. -- 初版. -- 臺北市：大都會文化, 2009.09
面；公分. --（Success；041）

ISBN 978-986-6846-73-1（平裝）

1. 業務管理

494.6　　98014940

大都會文化

大都會文化　讀者服務卡

書名：**業務力：銷售天王vs.三天陣亡**

謝謝您選擇了這本書！期待您的支持與建議，讓我們能有更多聯繫與互動的機會。

A. 您在何時購得本書：＿＿＿年＿＿＿月＿＿＿日

B. 您在何處購得本書：＿＿＿＿＿書店，位於＿＿＿＿＿(市、縣)

C. 您從哪裡得知本書的消息：

1.□書店　2.□報章雜誌　3.□電台活動　4.□網路資訊

5.□書籤宣傳品等　6.□親友介紹　7.□書評　8.□其他

D. 您購買本書的動機：（可複選）

1.□對主題或內容感興趣　2.□工作需要　3.□生活需要

4.□自我進修　5.□內容為流行熱門話題　6.□其他

E. 您最喜歡本書的：（可複選）

1.□內容題材　2.□字體大小　3.□翻譯文筆　4.□封面　5.□編排方式　6.□其他

F. 您認為本書的封面：1.□非常出色　2.□普通　3.□毫不起眼　4.□其他

G. 您認為本書的編排：1.□非常出色　2.□普通　3.□毫不起眼　4.□其他

H. 您通常以哪些方式購書：(可複選)

1.□逛書店　2.□書展　3.□劃撥郵購　4.□團體訂購　5.□網路購書　6.□其他

I. 您希望我們出版哪類書籍：（可複選）

1.□旅遊　2.□流行文化　3.□生活休閒　4.□美容保養　5.□散文小品

6.□科學新知　7.□藝術音樂　8.□致富理財　9.□工商企管　10.□科幻推理

11.□史哲類　12.□勵志傳記　13.□電影小說　14.□語言學習（＿＿語）

15.□幽默諧趣　16.□其他

J. 您對本書(系)的建議：

＿＿＿＿＿＿＿＿＿＿＿＿＿＿＿＿＿＿＿＿＿＿＿＿＿＿＿＿＿＿

K. 您對本出版社的建議：

＿＿＿＿＿＿＿＿＿＿＿＿＿＿＿＿＿＿＿＿＿＿＿＿＿＿＿＿＿＿

讀者小檔案

姓名：＿＿＿＿＿＿ 性別：□男　□女　生日：＿＿年＿＿月＿＿日

年齡：□20歲以下 □21～30歲 □31～40歲 □41～50歲 □51歲以上

職業：1.□學生 2.□軍公教 3.□大眾傳播 4.□服務業 5.□金融業 6.□製造業

7.□資訊業 8.□自由業 9.□家管 10.□退休 11.□其他

學歷：□國小或以下 □國中 □高中／高職 □大學／大專 □研究所以上

通訊地址：＿＿＿＿＿＿＿＿＿＿＿＿＿＿＿＿＿＿＿＿

電話：（H）＿＿＿＿＿＿＿（O）＿＿＿＿＿＿＿ 傳真：＿＿＿＿＿＿

行動電話：＿＿＿＿＿＿＿ E-Mail：＿＿＿＿＿＿＿＿＿＿

◎謝謝您購買本書，也歡迎您加入我們的會員，請上大都會文化網站 www.metrobook.com.tw 登錄您的資料。您將不定期收到最新圖書優惠資訊和電子報。

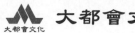

業務力

銷售天王vs.三天陣亡

北區郵政管理局
登記證北台字第9125號
免　貼　郵　票

大都會文化事業有限公司
讀者服務部　收

110台北市基隆路一段432號4樓之9

寄回這張服務卡〔免貼郵票〕
您可以：
◎不定期收到最新出版訊息
◎參加各項回饋優惠活動